中国中药资源大典
——中药材系列
中药材生产加工适宜技术丛书
中药材产业扶贫计划

三七生产加工适宜技术

总 主 编　黄璐琦
主　　编　杨　野　刘大会
副 主 编　崔秀明　曲　媛　李晓琳

中国医药科技出版社

内容提要

《中药材生产加工适宜技术丛书》以全国第四次中药资源普查工作为抓手，系统整理我国中药材栽培加工的传统及特色技术，旨在科学指导、普及中药材种植及产地加工，规范中药材种植产业。本书为三七生产加工适宜技术，包括：概述、三七药用资源、三七栽培技术、三七品种选育、三七药材质量评价、三七现代研究与应用、三七资源的综合开发利用等内容。本书适合中药种植户及中药材生产加工企业参考使用。

图书在版编目（CIP）数据

三七生产加工适宜技术 / 杨野，刘大会主编 . — 北京：中国医药科技出版社，2018.3

（中国中药资源大典 . 中药材系列 . 中药材生产加工适宜技术丛书）

ISBN 978-7-5067-7141-2

Ⅰ . ①三… Ⅱ . ①杨… ②刘… Ⅲ . ①三七－栽培技术 ②三七－中药加工 Ⅳ . ① S567.23

中国版本图书馆 CIP 数据核字（2018）第 049329 号

美术编辑 陈君杞

版式设计 锋尚设计

出版 中国医药科技出版社

地址 北京市海淀区文慧园北路甲 22 号

邮编 100082

电话 发行：010-62227427 邮购：010-62236938

网址 www.cmstp.com

规格 710 × 1000mm 1/16

印张 12 1/2

字数 108 千字

版次 2018 年 3 月第 1 版

印次 2018 年 3 月第 1 次印刷

印刷 北京盛通印刷股份有限公司

经销 全国各地新华书店

书号 ISBN 978-7-5067-7141-2

定价 38.00 元

中药材生产加工适宜技术丛书

—— 编委会 ——

—— 本书编委会 ——

主　　编　杨　野　刘大会

副 主 编　崔秀明　曲　媛　李晓琳

编写人员　（按姓氏笔画排序）

方　艳（湖北中医药大学）
石　玥（昆明理工大学）
石子为（湖北中医药大学）
田梦媛（昆明理工大学）
代春艳（昆明理工大学）
刘　引（湖北中医药大学）
刘　勇（湖北中医药大学）
刘鹏飞（昆明理工大学）
邱丽莎（昆明理工大学）
黄　进（昆明理工大学）
龚文玲（湖北中医药大学）

序

我国是最早开始药用植物人工栽培的国家，中药材使用栽培历史悠久。目前，中药材生产技术较为成熟的品种有200余种。我国劳动人民在长期实践中积累了丰富的中药种植管理经验，形成了一系列实用、有特色的栽培加工方法。这些源于民间、简单实用的中药材生产加工适宜技术，被药农广泛接受。这些技术多为实践中的有效经验，经过长期实践，兼具经济性和可操作性，也带有鲜明的地方特色，是中药资源发展的宝贵财富和有力支撑。

基层中药材生产加工适宜技术也存在技术水平、操作规范、生产效果参差不齐问题，研究基础也较薄弱；受限于信息渠道相对闭塞，技术交流和推广不广泛，效率和效益也不很高。这些问题导致许多中药材生产加工技术只在较小范围内使用，不利于价值发挥，也不利于技术提升。因此，中药材生产加工适宜技术的收集、汇总工作显得更加重要，并且需要搭建沟通、传播平台，引入科研力量，结合现代科学技术手段，开展适宜技术研究论证与开发升级，在此基础上进行推广，使其优势技术得到充分的发挥与应用。

《中药材生产加工适宜技术》系列丛书正是在这样的背景下组织编撰的。该书以我院中药资源中心专家为主体，他们以中药资源动态监测信息和技术服务体系的工作为基础，编写整理了百余种常用大宗中药材的生产加工适宜技术。全书从中药材的种植、采收、加工等方面进行介绍，指导中药材生产，旨在促进中药资源的可持续发展，提高中药资源利用效率，保护生物多样性和生态环境，推进生态文明建设。

丛书的出版有利于促进中药种植技术的提升，对改善中药材的生产方式，促进中药资源产业发展，促进中药材规范化种植，提升中药材质量具有指导意义。本书适合中药栽培专业学生及基层药农阅读，也希望编写组广泛听取吸纳药农宝贵经验，不断丰富技术内容。

书将付梓，先睹为悦，谨以上言，以斯充序。

中国中医科学院 院长

中国工程院院士 张伯礼

丁酉秋于东直门

总前言

中药材是中医药事业传承和发展的物质基础，是关系国计民生的战略性资源。中药材保护和发展得到了党中央、国务院的高度重视，一系列促进中药材发展的法律规划的颁布，如《中华人民共和国中医药法》的颁布，为野生资源保护和中药材规范化种植养殖提供了法律依据；《中医药发展战略规划纲要（2016—2030年）》提出推进“中药材规范化种植养殖”战略布局；《中药材保护和发展规划（2015—2020年）》对我国中药材资源保护和中药材产业发展进行了全面部署。

中药材生产和加工是中药产业发展的“第一关”，对保证中药供给和质量安全起着最为关键的作用。影响中药材质量的问题也最为复杂，存在种源、环境因子、种植技术、加工工艺等多个环节影响，是我国中医药管理的重点和难点。多数中药材规模化种植历史不超过30年，所积累的生产经验和研究资料严重不足。中药材科学种植还需要大量的研究和长期的实践。

中药材质量上存在特殊性，不能单纯考虑产量问题，不能简单复制农业经验。中药材生产必须强调道地药材，需要优良的品种遗传，特定的生态环境条件和适宜的栽培加工技术。为了推动中药材生产现代化，我与我的团队承担了农业部现代农业产业技术体系“中药材产业技术体系”建设任务。结合国家中医药管理局建立的全国中药资源动态监测体系，致力于收集、整理中药材生产加工适宜技术。这些适宜技术限于信息沟通渠道闭塞，并未能得到很好的推广和应用。

本丛书在第四次全国中药资源普查试点工作的基础下，历时三年，从药用资源分布、栽培技术、特色适宜技术、药材质量、现代应用与研究五个方面系统收集、整理了近百个品种全国范围内二十年来的生产加工适宜技术。这些适宜技术多源于基层，简单实用、被老百姓广泛接受，且经过长期实践、能够充分利用土地或其他资源。一些适宜技术尤其适用于经济欠发达的偏远地区和生态脆弱区的中药材栽培，这些地方农民收入来源较少，适宜技术推广有助于该地区实现精准扶贫。一些适宜技术提供了中药材生产的机械化解决方案，或者解决珍稀濒危资源繁育问题，为中药资源绿色可持续发展提供技术支持。

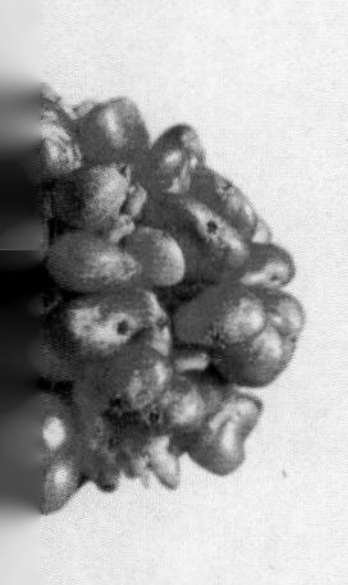

本套丛书以品种分册，参与编写的作者均为第四次全国中药资源普查中各省中药原料质量监测和技术服务中心的主任或一线专家、具有丰富种植经验的中药农业专家。在编写过程中，专家们查阅大量文献资料结合普查及自身经验，几经会议讨论，数易其稿。书稿完成后，我们又组织药用植物专家、农学家对书中所涉及植物分类检索表、农业病虫害及用药等内容进行审核确定，最终形成《中药材生产加工适宜技术》系列丛书。

在此，感谢各承担单位和审稿专家严谨、认真的工作，使得本套丛书最终付梓。希望本套丛书的出版，能对正在进行中药农业生产的地区及从业人员，有一些切实的参考价值；对规范和建立统一的中药材种植、采收、加工及检验的质量标准有一点实际的推动。

黄璐琦

2017年11月24日

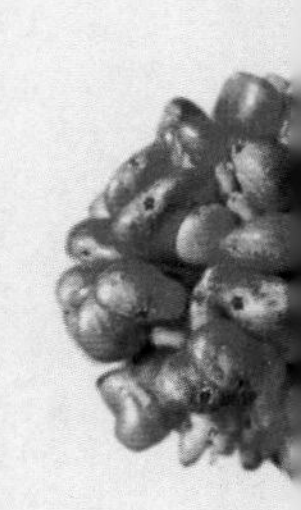

前 言

三七*Panax notoginseng*（Burk）F. H. Chen，五加科人参属植物，是我国常用大宗中药材，有着悠久的应用历史。主产于云南、广西等地，多为栽培品，又名山漆、金不换、田七、血参、滇三七等，性温，归肝、胃、大肠经。近代研究表明三七除了传统的止血、活血化瘀和消肿定痛之功效外，还具有降血脂、降血压、降血糖、抗疲劳、抗衰老、提高免疫力、保护肝脏等药理活性，尤其对防治心脑血管疾病具有显著效果。其在中枢神经系统、心脑血管系统、血液系统和免疫系统等方面亦有较强的生理活性。临床上对冠心病、心绞痛、心肌梗死、脑梗死、糖尿病、肝炎、顽固性头疼、动脉粥样硬化等疾病的治疗效果显著。

目前，三七已是我国中药材资源中研究开发最深入、产业化程度最高的药材品种，是中药材单方制剂最大市场规模的品种。以三七为原料生产的中成药品种多达300种，生产厂家1000余家。同时，随着广大人民群众养生保健意识的不断提高，对三七原料及饮片的需求亦不断增加。据统计，三七药材年需求量为6万～7万吨，因而作为三七主产区的云南省的种植面积逐年扩张，2017年已达100万亩。随着种植面积的不断扩大，三七种植加工过程中也呈现了多种问题。主要体现为大田管理不规范、药材质量不稳定、新产品开发相对滞后、资源浪费严重等问题。更为突出的挑战是，三七从业人员多为从其他行业转行而来，对于三七这种对技术要求较高的中药材，从业者知识技能极大影响着三七的质量。因此，为了帮助三七从业者快速掌握三七种植技能和控制三七质量稳定，以及为相关科研人员提供参考，特编撰本书。

全书共分7章，从概论、种质资源、栽培与产地加工、品种选育、药材质量评价、现代研究与应用、资源综合开发与利用等方面详尽地介绍了三七生产加工与质量控制适宜技术，并就三七产业发展中急需解决的健康产品研发问题进行了初步探讨。本书主要根据编者多年的生产、科研经验所编写，同时也参考了大量的同行专家研究结果，希望对从事三七生产经营、开发利用的从业人员具有参考作用。本书受国家中药材产业技术体系（CARS–21）昆明综合试验站和黄冈综合试验站的支持，在此表示感谢。

由于编者水平有限，难免存在不足与疏漏之处，望广大读者提出宝贵意见，以便再版修订。

编者

2017年10月

目 录

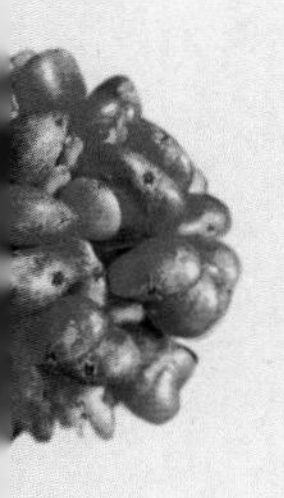

第1章

概　述

三七*Panax notoginseng*（Burk）F. H. Chen，五加科人参属植物，为我国常用名贵中药材。主产于云南、广西等地，多为栽培品，又名山漆、金不换、田七、血参、滇三七等，性温，归肝、胃、大肠经，具有散瘀止血、消肿定痛之功效。《本草纲目》中有“为金疮要药”“能治一切血病”的记载，《本草纲目拾遗》也有“人参补气第一，三七补血第一，味同而功异，故称人参三七，为中药之最珍贵者”的记载。其具有化瘀止血、活血定痛之功效，被历代医家誉为“止血之神药，理血之妙品”。三七素有“金不换”“南国神草”“参中之王”之美誉，是驰名中外的“云南白药”“漳州片仔癀”等中成药的主要原料。

多年来，通过对三七的化学成分、药理作用、临床等方面的不断深入研究，使三七的药用价值不断得到发掘。发现三七除了传统的止血、活血化瘀和消肿定痛之功效外，还具有降血脂、降血压、降血糖、抗疲劳、抗衰老、提高免疫力、保护肝脏等药理活性，尤其对防治心脑血管疾病具有显著效果。其在中枢神经系统、心脑血管系统、血液系统和免疫系统等方面亦有较强的生理活性。临床上对冠心病、心绞痛、心肌梗死、脑梗死、糖尿病、肝炎、顽固性头疼、动脉粥样硬化等疾病的治疗效果显著。

目前，三七已是我国中药材资源中研究开发最深入、产业化程度最高的药材品种，是中药材单方制剂最大市场规模的品种。三七产业是集一、二、三产业融合发展的多业态多功能的完整产业链。2015年，全国三七种植、加工、销售、健康服务已形成近千亿规模的产业群。2016年10月26日，云南省政府办公厅发布了《云南省三七产业"十三五"发展规划》，整个产业的发展逐步规范。谋划"文山三七"产业的发展对全省生物医药产业具有重要的支撑作用和示范意义。

三七已有300多年的种植历史。最早散栽于云南南部和广西西南部山区少数民族村寨的房前屋后。20世纪60年代在云南文山州开始大量栽培，并向周边地区扩散。随着三七药材需求的不断扩大，价格猛涨，一些大型企业和社会资本亦开始加大投入，三七种植面积急剧扩张。云南省内已发展到红河、玉溪、普洱、昆明、曲靖、楚雄、大理、保山等地。云南省外的广西靖西、贵州大方、四川攀枝花等与云南接壤的环境相似区亦有少量种植。据2016年统计数据，云南省三七种植面积达75万亩，年产三七药材达4.5万。文山州亦因其独特的气候特征，在种子、种苗繁育上具有突出优势，因此成为云南省三七种子、种苗主要供应基地。

云南省非常重视三七产业发展，在文山州成立了三七研究所（院），开展三七技术研究，成立三七特产局管理三七生产，申报地理标志认证，组织种植基地GAP认证，组建三七种植专业合作社等。同时云南省内的昆明理工大学、中国科学院昆明植物研究所、云南农业大学、云南省农业科学院、云南中医学

院及昆明医科大学等科研单位在三七种植技术提升、三七化学物质分离、三七药理作用探索等科研工作中发挥了巨大作用。主要表现为新型遮阳网的普遍应用，高效农药及专用肥料的推广，三七专用农业机械的普及，新型七杈材料的使用等新技术、新装备的迅速应用，新化合物的分离，三七原有适应证的深入研究及新适应证的不断发掘。这使得三七的亩产量从20世纪60年代的几十千克提升到当代的150～250kg，年用量达到3万吨。可以说，这些新技术的涌现极大地满足了制药和保健市场需求，并扩大了三七的种植需求。但新技术的发展也带来了很多负面问题。

一方面，由于连作障碍和获取经济利益的需求，三七种植正在从道地产区向非适宜产区转移；另一方面，为了追求高产，三七种植中大量施用农药、奢侈用肥，产地加工技术落后带来的农药残留和重金属清除效率低，阻碍了三七药材整体品质的提高。三七生产中面临的这些问题已成为严重制约三七种植业可持续发展的新问题。不解决这些问题，三七的发展将无从谈起。而且，随着消费者对中药材品质要求的不断提高，也对三七种植提出了更为严苛的要求，这也是我们必须应对的挑战。

三七种植过程中面临第一大问题是严重的病害。三七根腐病、黑斑病、圆斑病等病害是三七生产中面临的主要问题。这是由于三七性喜温暖阴湿，其独特的生长环境易诱发多种病害，且随着三七在各地种植年限的增加，病害的种类、发病面积及严重程度逐年增加，特别是三七根腐病，是三七生产中的毁灭性病害，严重影响三七的产量和质量。而且三七生长期一般为2～3年，因此还存在连作障碍问题。一些研究分析了三七栽培过程中微生物菌群变化、土壤理化性质以及土壤病原菌的种类与数量以揭示连作障碍的作用机制。这些问题在云南农业大学朱有勇院士带领的团队研究下正日渐明朗。

此外，部分三七药材还存在着农药残留量超标的问题，这主要是由于为了控制种植过程中爆发的病害而过量施用农药。当前已有地方标准用于指导三七的规范用药，但由于市场监管和三七种植者的生产习惯难以改变，造成了三七药材农药残留量超标。重金属污染是三七种植过程中面临的另一问题。三七体内残留的重金属主要为砷和镉。三七植株重金属残留的来源途径是多样的，可以是栽培土壤、灌溉水、农药及化肥施用造成的污染。另外，三七产地加工过程中缺乏规范指导也是造成重金属超标的一个主要问题，如缺少趁鲜清洗，普遍露天晾晒，加工设备简陋等均能造成重金属的清除效率降低和引入二次污染。因此，加强三七生产者的安全意识，推广新设备、新工艺对降低农残重金属含量具有重要意义。

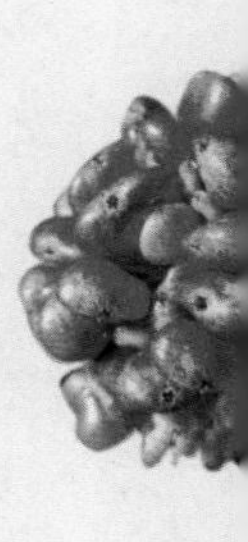

近80年来，经过国内外研究者们的努力，已从三七中分离、提取、鉴定了百余种化合物，基本阐明了三七中主要化合物的结构组成。其中，三七中

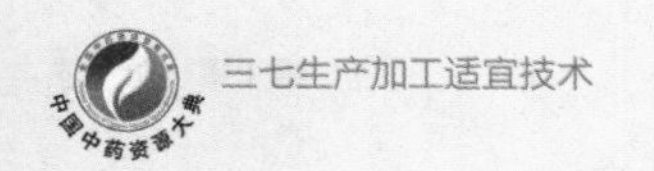

主要以皂苷类成分为主，并已经从三七的各个部位中鉴定了80多种皂苷类成分，并在此基础上探讨了影响其主要皂苷量的因素。三七素作为三七止血的主要活性物质，在三七的药理学研究中占据了重要位置。此外三七中还富含多糖、黄酮类、炔醇类以及挥发油等成分，但相较于皂苷的研究则相对缓慢。

三七所含的人参三醇皂苷Rg_1具有兴奋大脑中枢，促进脑部血液循环，增强大脑记忆及抗脑部疲劳的作用。人参皂苷Rb_1能够抑制中枢神经系统，具有镇静安神和催眠的作用。因此，三七不仅能够抑制中枢神经系统，而且能兴奋中枢神经系统，具有双重调节作用。三七能够直接扩张冠状动脉血管，增加冠状动脉血流量，从而达到治疗冠心病、心绞痛的目的，作用机制可能与改善心肌缺氧状态有关。适当运用三七总皂苷对改变心衰病程有深远意义。三七皂苷能抑制低浓度高脂血清对体外培养血管平滑肌细胞的作用，对于防治动脉粥样硬化的发生及发展具有一定的临床意义。三七对消化系统、泌尿系统、生殖系统及免疫系统也均具有十分积极的作用。此外，三七及茎叶中的皂苷、黄酮及多糖等在抗衰老、抗肿瘤和抗炎中也发挥了较大的作用。

随着人民生活节奏的加快及食品的多样化，心脑血管、高血脂及肝纤维化等现代疾病越来越多，而三七在治疗现代疾病方面具有不可替代的作用，三七的用途将会越来越广泛，三七产业规模在云南医药产业发展中的比例将进一步

增加，有望创造云南医药的神话。因此，我们有必要通过标准化的基地建设，实行产地原料品牌化；重视研发，提高核心竞争力；建立具有特色的单一品种专业市场。

第2章

三七药用资源

一、形态特征与分类检索

（一）植物形态

三七为多年生阴生宿根性直立草本植物，高20～60cm。根茎短，斜生。主根粗壮，肉质，倒圆锥形或圆柱形，常有瘤状突起的分枝。茎直立，单生，不分枝，表面或带紫色，具纵向粗条纹。掌状复叶，3～6片轮生茎顶，叶柄长4～9cm，小叶通常5～7枚，罕为3枚或9枚，膜质；中间一枚较大，长椭圆形至倒卵状长椭圆形，长5～15cm，宽2～5cm，先端渐尖至长渐尖，基部阔楔形至圆形；两侧叶片最小，椭圆形至圆状长卵形，长3.5～7cm，宽1.3～3cm，先端渐尖至长渐尖，基部偏斜，边缘具细锯齿，齿尖具短尖头，齿间有1刚毛，两面沿脉疏被刚毛，主脉与侧脉在两面凸起，网脉不显。伞形花序单生于茎顶，有花80～100朵或更多；总花梗长7～25cm，有条纹，无毛或疏被短柔毛；苞片多数簇生于花梗基部，卵状披针形；花梗纤细，长1～2cm，微被短柔毛；小苞片多数，狭披针形或线形；花小，淡黄绿色；花萼杯形，稍扁，边缘有小齿5，齿三角形；花瓣5，长圆形，无毛；雄蕊5，花丝与花瓣等长；子房下位，2室，花柱2，稍内弯，下部合生，结果时柱头向外弯曲。果扁球状肾形，直径约1cm，成熟后为鲜红色，内有种子2粒；种子白色，三角状卵形，微具三棱。花期7～8月，果期8～10月。种子为顽拗型种子，有种胚后熟特性，采收后经60～90天的胚才逐渐发育成熟。

三七及其假冒、易混品原植物形态检索表

1　双子叶植物。

2　多年生直立草本。

3　指状复叶。伞形花序；花瓣5，覆瓦状排列，淡黄绿色。浆果状核果，成熟时红色。

4　根茎短，斜生。主根粗壮、肉质、倒圆锥形或圆柱形……………………………………………………………三七*Panax notoginseng*

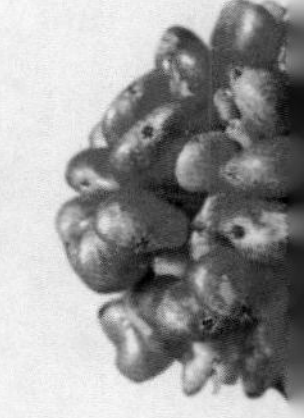

4　根茎长，横卧。

5　根茎呈竹鞭状，粗壮、肥厚、节间短，每节还有一浅杯形的茎基凹痕。旗下或侧边有类圆锥形或圆柱形的块根………竹节参*P. japonicus*

5　根茎细长呈串珠状，节膨大呈球状或纺锤形…………………………………………………………………珠子参*P. japonicus var. major*

3　单叶。

6　叶互生或近对生，几无柄；叶片肉质，倒披针形或卵圆形。聚伞花序排成伞房状，花两性，5数，黄色。蓇葖果呈星芒状排列，黄色至红色…………………………………………景天三七*Sedum aizoon*

6　基生叶丛生，具短柄；茎生叶互生，几无柄；叶片革质，不规则羽状深裂。头状花序排成圆锥状，花两性，全为管状、金黄色。瘦果狭圆柱形，褐色，具白色冠毛……………………………………菊三七*Cynura japonica*

2　多年生草质藤木。单叶互生，具短柄，叶片肉质、卵圆形。叶腋生瘤块状珠芽。总状花序腋生或顶生，下垂；花小，两性、绿色。胞果藏于宿存花被及小苞片内……………………………………落葵属*Anredera cordifolia*

1　单子叶植物。

7　多年生草本，具姜芳香气味。单叶二列或互生，矩圆形，羽状脉。

8　穗状花序成球果状，花药基部有距。

9　花葶由叶鞘内抽出，花药基部具二角状距。根茎深黄色……………………………………………………姜黄*Curcuma longa*

9　花葶由根茎先叶抽出，花药基部具叉开的距。根茎淡黄绿色……………………………………………………莪术*C. phaeocaulis*

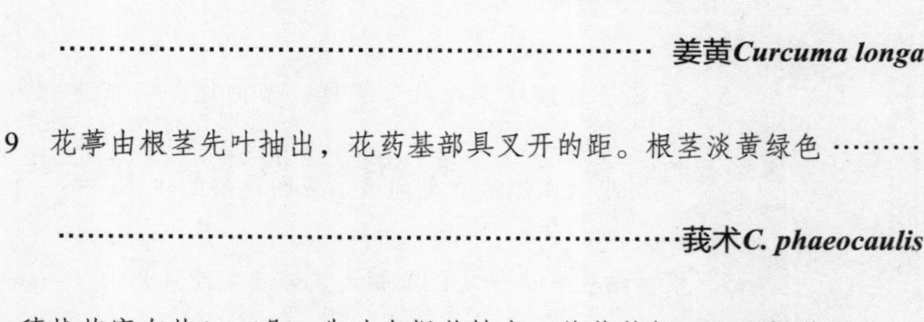

8　穗状花序有花4～6朵，先叶自根茎抽出；花药基部无距。根茎白色……………………………………………………海南三七*Kaempferia rotunda*

7　多年生草本，不具芳香气味。

10　单叶互生，狭矩圆形或披针形，弧形脉，基部无柄抱茎。总状花序顶生，有花3～8朵，紫红色……………白及*Bletilla striata*

10 单叶基生，椭圆状披针形，羽状网脉，基部狭而下形成具翅叶柄。花葶从基生叶柄中抽出，伞形花序具花10余朵，淡紫色 ……裂果薯*Schizocapsa plantiginea*

（二）药材形态

1. 主根

呈类圆锥形或圆柱形，长1～6cm，直径1～4cm。表面灰褐色或灰黄色，顶端有茎痕，周围有瘤状突起，侧面有断续的纵皱纹及支根痕。体重、质坚实，击碎后皮部与木部常分离；横断面灰绿、黄绿或灰白色。皮部有细小的棕色树脂道斑点，中心木质部微呈放射状排列。气微，味苦回甜。

2. 筋条

呈圆柱形，长2～6cm，上端直径约0.8cm，下端直径约0.3cm。

3. 剪口

呈不规则的皱缩状及条状，表面有数个明显的茎痕及环纹，断面中心灰白色，边缘灰色。

（三）显微特征

1. 根横切面

木栓层为数列木栓细胞，栓内层不明显。韧皮部薄壁组织中，由筛管、薄壁细胞、射线和树脂道组成。形成层成环，有时呈强波状弯曲。木射线宽广，木质部束导管1～2列径向排列。皮层内散有树脂道及黏液细胞，薄壁细胞内含淀粉粒及极少的草酸钙簇晶。射线宽广，细胞充满淀粉粒。

2. 粉末特征

粉末灰黄色。淀粉粒众多，单粒呈类圆形、多角形或不规则形，直径4～30μm，脐点成点状或裂缝状；偶有2～10余分粒复合成的复粒。树脂道呈管状或类圆形（碎片横断面观），直径60～130μm，内含棕黄色滴状或块状分泌物。梯纹导管、网状导管及螺纹导管直径15～55μm。草酸钙簇晶较少见，直径50～80μm，其棱角较钝。木栓细胞呈长方形或多角形，壁薄，棕色。

二、植物学形态特征和生物学特性

（一）三七不同部位形态特征

三七孢子体阶段从合子开始，到胚囊母细胞和花粉母细胞减数分裂前为止。三七孢子体由受精卵发育而来，种子出苗到开花需要两年的营养生长期，而且每一年都表现不同的生长动态和特性，孢子体阶段主要的器官有果实、种子、根、茎和叶，其特征如下所述。

1. 果实和种子

三七的果实为核状浆果，肾形或球形，少数为三桠形。肾形果实有种子1～2枚，三桠形果实有种子3枚。未成熟的果实为绿色，逐渐变为朱红色，最后变为鲜红色，极个别为紫色和黄色，有光泽。三七从二年生开始开花结果，种子成熟的时间在10月以后，通常二年生三七开花、结果、成熟较晚，三年生以上则开花、结果、成熟较早。

三七种子黄白色，卵形或卵圆形渐尖，微具三棱。种皮厚而硬，为软骨质，有皱纹，种子长5～7mm。种子具有胚，胚乳和种皮，它们分别来源于合子、初生胚乳核和珠被，外种皮有6层细胞，内种皮膜质。三七种子属于胚发育不全的类型，其内部几乎全部为胚乳。种子为顽拗型种子，有种胚后熟特性，采收后经60～90天的休眠期，胚才逐渐发育成熟。新采收的种子中胚很小，几乎没有分化，顶部有两个子叶原基，基部有明显的胚柄，胚被包在胚乳腔中，胚乳肥厚。三七种子需要经过形态后熟和生理后熟过程才能发芽。三七种子经过沙藏处理至发育成熟的三七种子萌发温度为5～20℃，最适温度为15℃。

2. 根

三七的根分为块根、支根、须根和不定根，它支持着三七的各个器官，同时能吸收土壤中的水分和养分，供叶片进行光合作用，还有运输水分、养分的作用。三七块根是肉质根，为主要药用部位。由于三七生长的土壤结构、质地不同，三七块根通常有圆锥形（俗称“团七”“疙瘩七”）和圆柱形（俗称“萝卜七”）两种，其大小随三七生长年限的增加而增大。根据三七生长年限的不同，三七块根又分为一年生根、二年生根和三年生根等。支根又称侧根、大

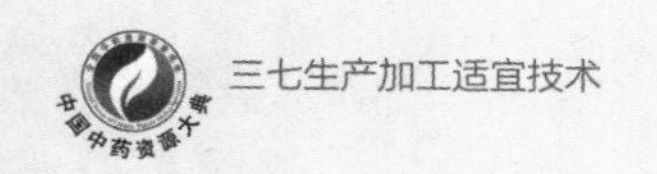

根，是块根上发生的较粗分枝。须根和不定根又称毛根，主要起吸收土壤中的水分和养分的作用。

三七根的横切面，可见根的主要组成部分是周皮、韧皮部、形成层和木质部。周皮占根部横切面积的15%左右，韧皮部占根部横切面积25%以上，形成层由1～2层长形的细胞组成，木质部占横切面积的40%左右。三七根横切面上几乎不见髓部，常见的是棱形实心体。

3. 根茎

三七根茎是三七的地下茎，俗称“羊肠头”，加工后俗称“剪口”，位于三七主根和地上茎之间，呈盘节状，起运输和储存养分、支撑茎叶的作用。三七根茎储存有大量的营养物质供三七地上部分生长，也是三七有效成分的主要存储场所。根茎的三七总皂苷含量是三七地下部分最高的部位，生产中主要用于工业提取三七总皂苷的原料。

三七根茎较块根细而略粗于茎，根茎每年长出一节，节上有越冬芽和芽苞，呈暗绿色，形状弯曲似鹦哥嘴状，故俗称“鹦哥嘴”，新生的茎就从“鹦哥嘴”背部弯凸处长出。茎叶脱落后，节上留有一凹窝，即“茎痕”。三七生长年限越长，茎痕或根茎节数越多，根茎也就越长，可据此判断三七的生长年限。三七地上植株，除由种子长出一年生苗外，从二年生以后，都是由越冬芽侧生于根茎的顶端生出。越冬芽生长发育缓慢，具有休眠性，完整的芽苞，在发育完整的茎、叶、花序雏体的基部一侧，有一小群分生细胞，通称为“芽原基”，它随越冬芽的形成而进行缓慢发育。翌年越冬芽发芽生长以后由它再缓慢发育成新的越冬芽。潜伏芽位于茎痕外侧边缘，正常情况下不生长发育，当地上植株或正在发育的越冬芽遭到损伤而失去生长发育能力时，这种潜伏芽才有可能发育成越冬芽，翌年发芽出土。二年以上的三七根茎上生有不定根，不定根生长速度比主根快，当主根因病腐烂时，不定根可代替主根进行生长。三七地上直立茎，位于根茎与总花梗之间。

4. 茎

三七茎不仅能使三七保持一定的形态，而且还能把根从土壤中吸收的养分和水分运送到叶片中，供光合作用的需要，同时又能把光合作用制造的养分运输到根部，还能储藏养分。因此三七的茎具有支撑、输导和储藏养分等生理功能，是三七的重要器官之一。

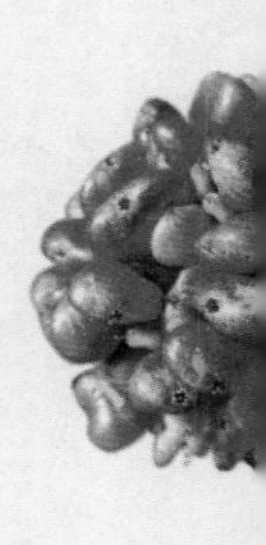

三七的茎直立，单生，不分枝，呈圆柱形，表面光滑，有纵向粗条纹，绿色或紫色；其高度和直径随三七生长年限的增加而增大，一般二年生茎高13～16cm，三四年生茎高20～50cm；而一年生三七则是复叶柄代替了茎秆，故称之“假茎”，一般高10～13cm。茎的中部横切面呈圆形，边缘略有凹凸，可见有表皮、皮层（内含有厚角组织和厚壁组织）中柱鞘纤维，韧皮部，木质部、髓部、簇晶，在皮层薄壁组织外侧细胞中含叶绿体。

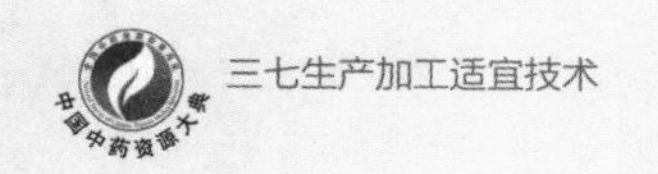

5. 叶

三七叶片是光合作用的主要器官。它能把根系吸收来的养分和水分，通过光合作用，合成三七生长所需要的有机物质。

三七叶为掌状复叶。一年生三七一般仅具一片掌状复叶，具5片小叶；二年生以上三七随着三七生长年限的增加而增多、增大。二年生三七一般有2～3枚掌状复叶，每枚有5片小叶；三年生三七一般有3～5枚掌状复叶，少数更多，每枚有7片小叶。掌状复叶通常轮生于茎顶，少数有二级轮生。三七小叶纸质、深绿色，卵形或披针形，羽状脉，叶正面沿叶脉着生有许多白色刚毛，叶缘呈锯齿状。大叶柄横切面为半圆状肾形，小叶柄中部横切面椭圆形，主脉横切面近圆形。叶片由上表皮、下表皮、叶肉组成，叶肉海绵组织发达，显阴生植物特性，气孔不定式排列在下表皮上。

6. 花

花是三七的繁殖器官。三七花为伞形花序，单生在茎秆的顶端，花序上着生有许多小花，花朵的多少与三七的年龄有关。一般二年生的花序有小花50～220朵，三年生的花序有小花多达300朵。花序轴长10～30cm，小花柄基部苞片狭披针形，花柄略光滑，呈绿色，通常在花序边缘的小花柄较长，越往中心的越短；一般长1～2.5cm。三七花一般6～7月现蕾，8～10月开花结实。三年生的三七由始花至结束，需22～32天。

三七花为两性花，花萼5片，浅裂，略呈三角形。小苞片多数，狭披针形或线形；花小，淡黄绿色；花萼杯形，稍扁，边缘有小齿5，齿三角形；花瓣5片，白色，长圆形，无毛；雄蕊5个，花丝与花瓣等长；子房下位，通常2室，少数3室，花药内向纵裂，呈“丁”字着药，花柱2裂，稍内弯，下部合生，结果时柱头向外弯曲。成熟的三七花瓣含有众多的花粉，花粉粒形状呈圆球形，外壁刺状突起，多具1个萌发孔，少数有3个萌发孔。

三七是多年生植物，二年以上植株在越冬期就有花蕾，随着茎叶的出土而出土。三七花粉母细胞减数分裂为同时型，在展叶期和小花柱延伸期花粉就已形成，并贮存在花粉室中。开花时雄蕊花丝伸长结束后花粉成熟，花药开裂，花粉散出。在成熟的花粉粒中，生殖细胞分裂成两个精细胞。成熟的花粉粒极面观近三角形，侧面观为圆形，被具有三个萌发孔的厚壁包围着。三七花的子房为二室，每个室中有两个胚珠原基，上边的原基，通常不发育，下边的原基形成正常的能育胚珠。三七的成熟胚珠是倒生的，被一层厚实的珠被形成窄的或宽的珠孔，珠孔上悬挂着大的珠孔塞。三七胚珠接近于珠心退化类型，没有承珠盘。孢原细胞奠基在珠心细胞的表皮下层，它们发育成胚囊母细胞，经过减数分裂形成四个大孢子，其中三个大孢子退化，一个大孢子发育成成熟胚囊。三七胚囊有八核，在幼嫩胚囊的珠孔部分可以看到三个核，其中一个是卵细胞核，另两个是助细胞核，在胚囊的合点部分有三个反足细胞，胚囊中间可

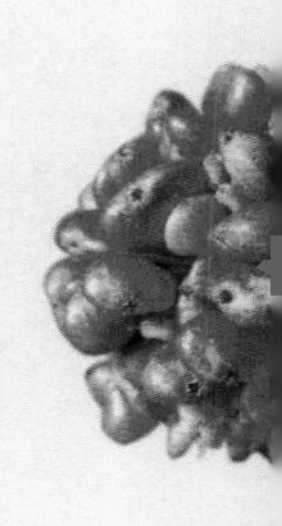

见一个中央细胞的两个极核。成熟胚囊，卵器位于珠孔部位，已退化的反足细胞位于合点部位，极核位于胚囊中部。

（二）生长发育特性

三七的个体发育包括种苗生长期和大田生长期两个主要的时期。种苗生长期即从播种至种苗移栽所经历的时期，大田生产期为从三七种苗移栽至三七采收所经历的时期。

三七为多年生草本植物，有多个生育周期，在每个生育周期，二年生以上三七包括两个生长高峰期，即4～6月的营养生长高峰期和8～10月的生殖生长高峰期。二年生以上三七的每个生育周期又分为出苗展叶期、蕾薹期、开花期、结果期、绿籽期和果实成熟期。三年生三七如不留种，以生产商品三七为目的，在蕾薹期摘除花蕾，三七生长就仅有营养生长期，收获的商品三七称为“春七”。如果采收三七种子后再收获三七，则称为“冬七”。

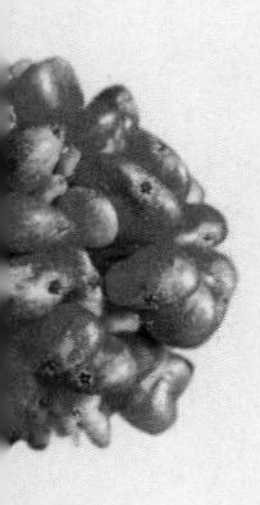

1. 种子的萌发与出苗

三七种子的发育：三七种子从母株脱落时，胚尚未发育成熟，所以播种后，还需要经过45～60天，胚才发育成熟，形成叶、胚轴及胚根。胚的发育要经过幼胚期、器官形成期、胚的成熟期几个阶段。三七种子的寿命很短，在自然状态下一般仅能存活15天左右。采收后三七种子要求用水分含量为20%左右的湿沙保存。

发育成熟的三七种子在条件适宜时即可萌发出苗。三七种子发芽对土壤温度要求较高。三七种子萌发的最低温度是5℃，最适温度为15～20℃，最高温度是30℃。温度低于5℃，三七种子萌发率为零；在5～20℃范围内，三七种子萌发率随温度的升高而升高，随后又呈降低的趋势。水分是三七种子进行一系列生理活动的重要物质，三七种子对水分含量十分敏感。一般情况下，三七种子水分含量低于60%即丧失活力，三七种子的含水量要达到饱和时才适宜发芽。

三七播种出苗后经过一年的生长，形成种苗。种苗的萌发对温度也很敏感，温度低于5℃，三七种苗不会萌发；10℃萌发率为86.67%；15℃萌发率达最高，为93.33%；温度超过20℃，三七种苗萌发率开始下降，30℃萌发率为零。说明高温、低温均对三七种苗萌发不利，这也是三七种植区域受限的主要原因之一。

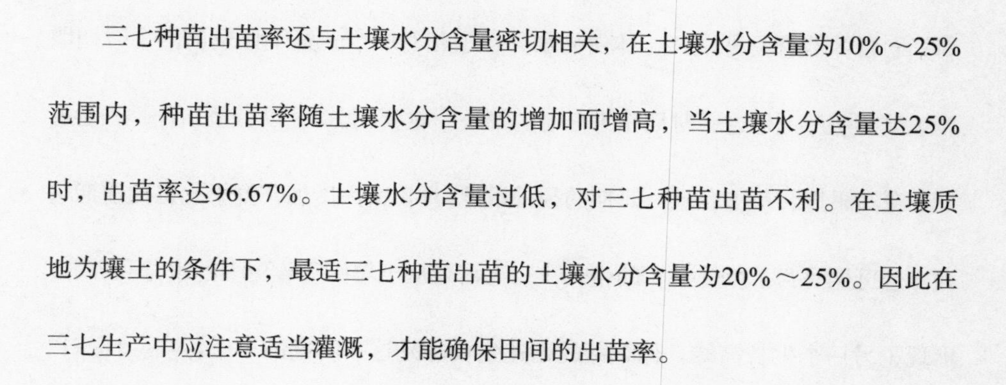

三七种苗出苗率还与土壤水分含量密切相关，在土壤水分含量为10%～25%范围内，种苗出苗率随土壤水分含量的增加而增高，当土壤水分含量达25%时，出苗率达96.67%。土壤水分含量过低，对三七种苗出苗不利。在土壤质地为壤土的条件下，最适三七种苗出苗的土壤水分含量为20%～25%。因此在三七生产中应注意适当灌溉，才能确保田间的出苗率。

三七种苗的萌发还与贮存时间有关。三七种苗不耐贮存，采挖后贮存时间越长，田间出苗率越低。据报道，种苗采挖当天移栽的出苗率为81.67%，贮存10天后移栽的出苗率为48.33%，贮存20天后降为35%。说明三七种苗采挖后宜及时移栽，不宜贮存过长。

2. 三七大田生长发育规律

三七为多年生草本植物，每年的生长期长，休眠期很短。二年生以上的三七在一个生长周期内有两个生长高峰：营养生长高峰和生殖生长高峰。4～6月是三七营养器官的快速生长期，植株迅速增高，根部生长迅速，大量新根发生，二年生以上的休眠芽生长缓慢，大量营养器官的迅速形成和生长是这一时期三七生长的特点。6～8月，三七由营养生长转向生殖生长，花薹在6月中旬出现并迅速生长，8月初已进入开花期，地上部分营养器官的生长速度变得缓慢，地下部分的生长仍在继续，特别是休眠芽的生长速度加快，一年生的休眠芽在6月初形成。8月初，二年生以上三七的须根数量大大低于6月初，这一时期三七营养器官不再增长，体内的水分含量相对减少，鲜干比较前两个时期明显减少，生产上把这一时期作为三七的第一个收获期。8月以后至10月，三七进入开花结果期，三七在这一时期的须根数比8月初大大增加，鲜干比也比前期增大。这可能是为了供应果实的生长，三七需要从土壤中吸收更多的水分和养分，出现了另一个生长高峰。休眠芽的迅速生长也是这一时期的一个特点。10～12月，须根数又一次减少，鲜干比也比前一时期降低，休眠芽进入最后生长阶段。

三七干物质积累动态，一、二、三年生三七的干物质积累最快时期均在4～8月，这与植株性状的生长规律一致。8～10月有一个较为平缓的增长期，10月以后除一年生三七（无生殖生长）外，二、三年生三七的地上部分干物质积累几乎为零或呈负值，地下部分的干物质积累仍在继续。至12月，地下部分干物质积累达全年最大值。

3. 三七开花结实特性

三七可自花授粉，也可虫媒授粉，异花受粉率也很高。成熟的花粉粒落到雌蕊布满乳突的叉状柱头上，由花粉粒外壁蛋白质与柱头蛋白薄膜相互作用，开始萌发，花粉管穿过柱头表面，然后伸入到雌蕊组织内，花粉粒中两个成熟精子也跟着进入雌蕊组织内。三七花的雌蕊属于封闭型，花粉管穿过引导组织胞间隙物质生长到达子房、胚珠，进入胚囊后，管端破裂，释放出两个精细胞，一个精细胞进入卵，精核与卵核融合形成合子，另一个精细胞靠近中央细胞，精核与中央细胞的两个极核融合，形成了初生胚乳核。

由合子发育成的胚，初生胚乳核发育成的胚乳，珠被发育成的种皮，组成了新的三七种子。

（三）三七生长的环境要求

1. 温度

温度是三七生命活动的必需因子之一,三七体内的一切生理、生化活动及变化，都必须在一定的温度条件下进行。温度最适宜，生命活动进行最快，温度若低于最低点，则生命活动受到抑制，超过其忍耐限度时，就会造成三七死亡。所以温度差异和变化，不仅制约着三七的生长发育速度，也影响着三七的地理分布。生产中应选择适宜区域进行栽培。年温差11℃左右是优质三七产出的适宜气候条件。以云南文山气温为例，文山地区处于低纬度高原地区，气候的特点是夏长冬暖，热量比较丰富，年温差变化比较小，年平均气温为16～19℃。6～8月雨量集中，太阳辐射下降显著，平均气温为21～22℃，适宜的温度及水分条件为三七的生长发育提供优越的自然环境。冬季月平均温度为11℃，地上部分的生长已经停止，但此时5cm地温仍保持14℃，这是三七茎叶在冬季仍能保持生机的原因，较高的地温有利于根部养分的积累，特别对已播种入土种子的种胚后熟的发育极为有利。种子后熟期能够通过冬季阶段时自然完成，这对三七的育苗工作与提高种子的出苗率提供了极为有利的条件。三七出苗期最适宜气温20～25℃，土壤温度10～15℃，0℃以下持续低温会对三七苗产生冻害。三七在生育期最适宜的气温是20～25℃，土壤温度15～20℃，气温超过33℃，持续时间较长，会对三七苗造成危害，增加三七病害发生的风险。

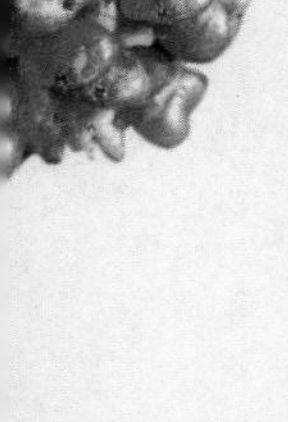

2. 光照

光是植物生长的重要生态因子之一，对植物的生长发育起着重要的作用。

三七属于典型的阴生植物，特别需要在遮蔽条件下栽培，故荫棚透光度就成为诸多生态因子中的主要制约因子。荫棚透光度不仅影响三七植株的正常生长发育，而且制约着气温、湿度、土壤温湿度等田间小气候。因此在三七生长中，荫棚透光度的合理调整成为三七栽培技术中的一个关键技术。研究表明三七的荫棚透光以7% ～12%为宜，透光度超过17%，三七的产量就明显下降，在透光度30%条件下，三七产量和质量都受到明显的影响，植株已无法正常生长并大量死亡。光照不仅影响三七的产量，还影响三七的质量。据研究，在7%透光度条件下三七的主根偏小，透光度增加，主根较大的三七比例增加，当透光度增加到30%时，三七主根大小又明显下降。

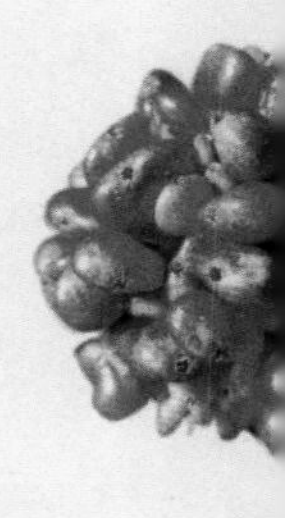

三七种子的发芽对光的反应非常敏感，传统认为只需要自然光照的30%就能正常生长发育，故三七荫棚有“三成透光，七成蔽荫”之说。但研究显示最适宜的三七棚透光度为8% ～12%，超过17%，三七的生长就会受到不利的影响。根据三七生长的特性以及生产区海拔不同，对荫棚透光度要求也不同，1500～1800m的高海拔地区的三七园天棚透光率宜选用15% ～20%，1200～1500m的中海拔地区的三七园遮阴棚透光率宜选用10% ～15%。在三七出苗展叶时遮阴网应稀，5～6月阳光强烈遮阴网应密，7月进入雨季遮阴网应稀，但透光度一般不超过30%，过大将会影响三七生长发育，导致产量下降。不同的生长阶段对遮阴的要求也不一样。一年七对光照的要求通常为自然光照的8%～12%；两年七对光照的要求通常为自然光照的12%～15%；三年七对光照的要求通常为自然光照的15%～20%。长日照而低光强有利优质三七的形成，如文山年日照时数平均高达2000小时，日照百分率达到了46%。该地区云层薄，污染小，短波辐射多，光质好，光照充足，总辐射量多。全年日照充足，温度适宜，变化平稳，降雨适中，时间变化合理等有利的气象条件，有利于三七的生长以及有效成分和干物质的积累。

3. 水分

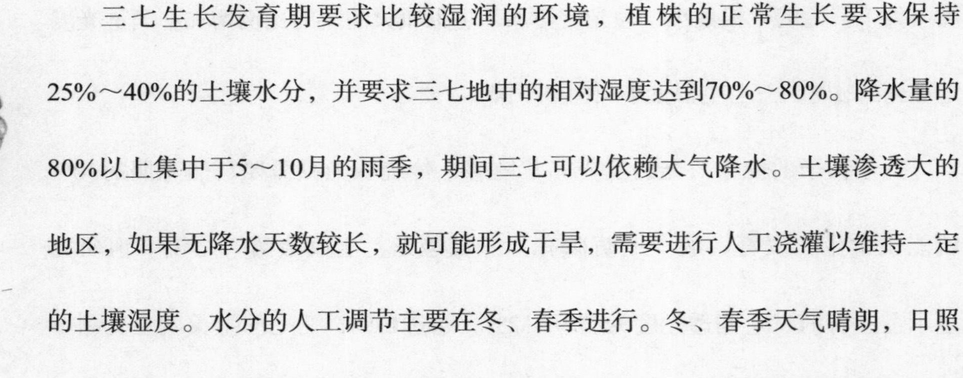

三七生长发育期要求比较湿润的环境，植株的正常生长要求保持25%～40%的土壤水分，并要求三七地中的相对湿度达到70%～80%。降水量的80%以上集中于5～10月的雨季，期间三七可以依赖大气降水。土壤渗透大的地区，如果无降水天数较长，就可能形成干旱，需要进行人工浇灌以维持一定的土壤湿度。水分的人工调节主要在冬、春季进行。冬、春季天气晴朗，日照充足，降水稀少而风速大，土壤水分蒸发量大，土壤水分迅速减少，这时需要进行人工浇灌，同时还必须注意各不同生长发育阶段的三七苗对水分的特殊要求。播种至子苗展叶期、子条的出苗期以及绿果转红果期等。在结籽期发生旱情时一定要抗旱浇水，防止出现生理性干旱，直接影响红籽收成。三年七的苗床土壤水分要求常年保持在25%～30%，当土壤湿度低于20%时，三七植株会出现萎蔫；土壤湿度低于15%，三七种子不会萌发。在选择及建造三七园时应把水源条件作为重要问题来考虑。除此以外，土壤相对湿度过大时，容易引起各种病害的爆发。在年降水较多的年份或地区，则应做到在大雨或暴雨后防洪排涝，及时排除积水，若土壤含水量过多，通气不良，三七较长时间处于渍水状态，就可能引起三七烂根死亡。

4. 海拔

三七种植园一般处于海拔1000m的高原地区，条件较好的三七种植区海拔高度超过1200m，海拔1200～1600m是种子种苗种植的最佳海拔，该海拔范围温度较高，有利于三七的生殖生长，而海拔1600～2000m为商品三七生长区。以文山地区为例，三七主产区位于北回归线以南，一年中有2次太阳投射角为90°，因常年太阳投射角度大，变化幅度小，每年获得太阳辐射能多，太阳辐射的季节变化较小。又由于文山州地处高原，且三七分布多在1200～1800m海拔，这种低纬度高海拔地区的特点是大气层厚度薄，大气保温性差，热量不易保存，致使形成气温日变幅度大的特点。但年间温度差异不大的特点，日平均气温多在21℃左右波动，但昼夜温差大，有利于三七皂苷和多糖的积累，且在三七生育期无高温危害，对形成优质高产三七十分有利。

5. 肥料

三七的生长发育和品质产量建成需要各种必需养分元素，这些元素直接参与三七生长发育和品质形成，恰到好处的施肥才能对药用植物的生产起到促进作用，许多研究发现三七生产中施肥是其栽培管理中的重要环节，是三七高产优质的基础之一。

氮素是构成生命体的重要元素，氮肥能否合理施用对三七的生长发育和产量高低、品质优劣有着密切联系。氮肥种类对三七生长以及产量品质建成有显著影响。在两年生和三年生三七产量品质研究中发现，在增产效果上酰胺态氮肥效果最好，硝态氮次之，铵态氮再次之，硝态氮、铵态氮复合肥效果最差，施用硝酸铵、硝酸钙在提高存苗率同时还能促进生长、提高产量。氮肥对药用成分皂苷的积累量影响同样有显著影响，硝态氮促进三七皂苷R_1、人参皂苷Rg_1和Rb_1积累；据此认为三七生产中氮肥施用以酰胺态氮肥为佳。但氮肥施用不宜过多，超出一定施用范围后三七根重下降，增加病虫害发生的风险。推荐施肥量为300～450kg/hm^2。

磷素是核蛋白、酶和卵磷脂的组成成分，不可替代地参与植物代谢生理和生长发育。三七对磷素的需求远低于氮素和钾素，但增产效果显著，施用磷肥可以显著提高种苗和二年生三七的产量，同时提高二年生三七的结实率。磷肥施用对三七植株农艺性状影响明显，适量施用可以促进植株生长和根重增加，单株根重随磷肥施用量的增加呈先增后降趋势。但产量并不随磷肥施用量增加而显著升高，磷肥增产效应并不明显，过量施用反而会影响三七的生长，推荐施肥量约为300kg/hm^2。

钾素并不是植物有机体的组成元素，但同样是植物进行正常生理活动的必要元素，钾肥的增产效应明显，在许多植物中都被定义为品质元素。三七是块根类植物，对钾的需求较大，三七属于喜钾植物，施用钾肥能显著促进植株生长并提高产量。钾肥主要包括有氯化钾、硫酸钾、窑灰钾肥和草木灰等，另外不少复混肥也含有钾素。在三七生产中普遍施用的钾肥有氯化钾和硫酸钾，混合肥料品种及相互配施都能对三七的生物量和药材产量起到显著的促进作用，硫酸钾肥效相对弱于氯化钾，但都能显著增高三七各皂苷单体及总皂苷积累量，但从成本考量和资源节约的角度出发，推荐施用氯化钾作为三七生产中的钾素来源。建议以中等水平施用钾肥，用量为650kg/hm^{2}左右，低水平的钾肥施用会影响三七植株生长和产量形成。

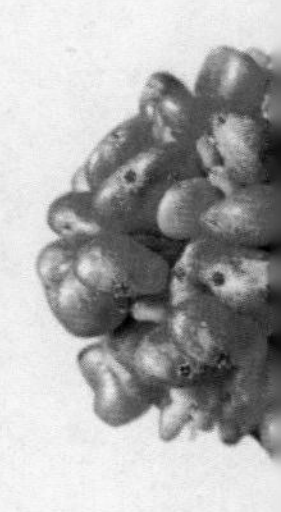

微量元素通过参与构成植物体内有效成分和担当许多合成反应催化剂的方式来影响植物化学成分的形成累积，从而影响到植物的生长发育、活性成分累积，研究发现药用植物的有效成分很可能是一种或多种微量元素参与形成的化合物或配合物，施用微肥对药用植物增产提质具有正效应。研究发现微肥对三七根部干重影响最为显著，根干重随微肥施用量增加而增加，钙肥对主根增重影响最显著，镁肥对三七皂苷含量影响最为显著，建议三七生产中适当施用钙和镁肥。

三、地理分布

由于三七对环境条件的特殊要求，三七的分布范围十分有限，仅分布在北回归线附近的中高海拔地区。明代万历的《广西通志》（1599年）就有“三七，出南丹、田州，田州尤妙”的记载。20世纪50年代以来，云南文山大力发展三七的种植，逐渐成为三七的主产区。20世纪70年代，三七曾引种栽培于云南各地和长江以南一些地区。1990年后，三七主要种植在云南文山，广西已经很少种植。近年三七种植区域除云南文山外，已经向云南红河、曲靖、昆明、玉溪、普洱、大理、保山、临沧、西双版纳、楚雄、丽江等十三个州市发展，广西已有德保、靖西、右江、凌云、田阳、田东等10个县种植。从地理分布区域来看，大部分基本上分布在北回归线附近的1000～2000m海拔区域，少部分地区如广西种植到最低海拔300m，林下种植到60m，云南种植到最高海拔2400m；从行政区域来看，目前三七分布的区域包括云南、广西、广东、四川、贵州。当前三七种植98%面积在云南，其中2016年云南三七种植面积近100万亩。广西作为曾经的三七主产地之一，现在仅仅百色市的右江区、靖西县、那坡县在进行三七引种种植，总面积不超过5000亩，三七产量较低。

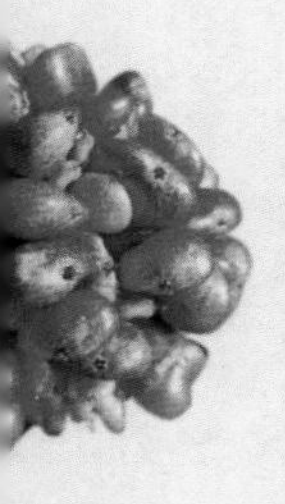

四、生态适宜分布区域与适宜种植区域

三七的生态适宜区划分是根据三七的生物特性与生态环境的吻合程度，以及各生态区三七产量、质量的表现和在各种植区内三七生长发育与环境的吻合程度表现综合分析确定的。崔秀明等根据多年的研究，结合生产实践经验，对三七的种植区域进行了划分。

（一）最适宜区

该区内海拔为1400～1800m，年均温15～17℃，最冷月均温8～10℃，最热月均温20～22℃，≥10℃年积温4500～5500℃，年降水量1000～1300mm，无霜期300天以上。其土壤类型包括碳酸盐类岩红壤、泥质岩类黄色赤红壤、基性结晶类玄武岩红壤、泥质岩类黄红壤等土壤类型，此类土壤土层深厚、质地疏松、保水保肥能力强。此类型气候条件及土壤类型条件适宜三七的生长发育，在科学管理条件下易获取高产，是基地选择的重要经济栽培区。

（二）适宜区

海拔为1000～1400m和1800～2200m，年均温16～18℃和14～16℃，最冷月均温10～12℃和6～8℃，最热月均温22～23℃和17～20℃，≥10℃年积温5000～5900℃和4200～4800℃，年降水量900～1300mm，无霜期300天以上和280～300天。海拔1800～2000m地区，在春季不时会出现倒春寒天气影响三七

幼苗生长，在7～8月不出现低温影响三七的开花受精，在春季及时采取防冻措施，此区内昼夜温差大，有利于块根生长。

（三）次适宜区和不适宜区

海拔1000m以下和2200m以上的地区，最冷月均温≥12℃和≥6～12℃，最热月均温＞23℃和＜17℃，≥10℃年积温在6000℃和4100℃以下，年降水量1300mm以上，无霜期280天以下。海拔1000m以下的地区主要属于低热河谷地区和凹地，地表水蒸发快，旱季需经常浇水，成本较大，海拔2200m以上属温凉地区，易受“倒春寒和8月低温”的影响。只能作零星种植，且产量不稳定，不适作为三七的栽培区域。

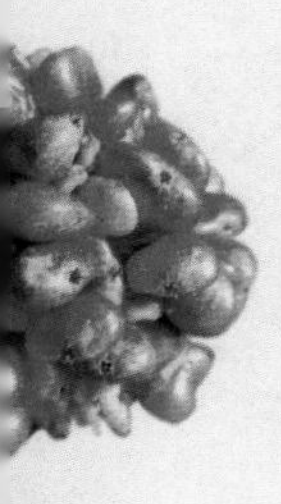

第3章

三七栽培技术

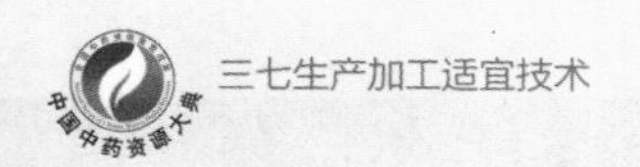

一、三七种子繁育

目前，三七的野生资源已难觅踪迹，市场上供应的三七药材主要来源于栽培品种。三七一般采用留种育苗方式繁殖。因此，三七种子、种苗处理的好坏，直接影响三七的出苗率及发病率。

（一）留种

三七通常7～8月开花，接近11月中旬成熟，整个过程大概需要100～130天，若是在9月以后才开花则需要130天以上。三七果实的发育有着明显的颜色变化，由开始的绿色逐渐变为淡红色，到成熟时变成红色（图3-1）。三年生植株和二年生植株结果率和座果率差异较大，结果率分别为89%和41%。此外，三年生植株果千粒重（270～285g）比二年生千粒重（250～260g）大。

a

b

图3-1　三七留种

a.绿果期（果实生长期）　b.红果期（成熟期）

这是由于二年生三七植株年龄较小，并且是当年移栽，植株根系受损，恢复期长，影响了养分的吸收，因而二年生三七植株结果率比三年生植株低。此外，二年生植株结的果实不仅少而且很小，其在播种育苗后长势较弱，且病害死亡数多，严重影响三七的产量，因此二年生植株不宜进行留种。

相较而言，三年生植株的种子多且饱满，适合留种育苗，但其果实的大小对育苗效果有着显著的影响（表3-1）。三年生植株大粒种育苗后病害死亡率较低，根部重量明显高于中粒种和小粒种，而尾籽发芽迟缓，长势弱，抗病能力差，也不宜留种。大粒种和中粒种比小粒种产量高37.4%～47.88%，成活率也比小粒种高出26.00%～76.12%。因此，生产上应选择11月中旬的大粒种进行留种。一般为三七所结的第一、二批果实。此时三七种子个体饱满，发育完全，活力较高，贮藏寿命长，劣变程度低，能够保证三七具有较高的发芽率。

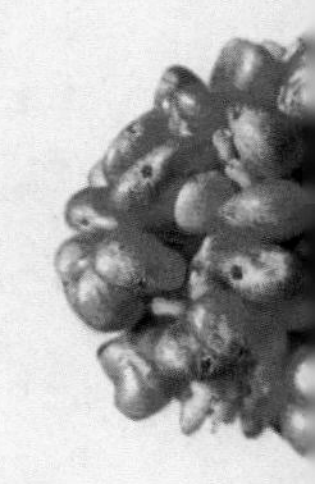

表3-1　三年生植株种子大小对育苗的影响

种子情况	千粒重（g）	调查数（株）	病害死亡率（%）	地上部鲜重（g/株）	根部鲜重（g/株）	比较产量（%）
小粒	227	500	42.3	0.93	2.13	100
中粒	277	500	31.3	0.99	2.87	134.74
大粒	333	500	10.1	1.13	3.15	147.88

（二）种子的采收

三七果实于当年10～11月分批成熟，此时的三七果实称为“红籽”，其颜色由青绿色变成鲜红色。应选择采收生长健壮，籽粒饱满，无病虫害的种子。三七种子具体采收方法为：从长势良好、健康无病的三年生三七园中挑选植株高大、茎秆粗壮、叶片厚实宽大的健康植株作为留种植株，并做好标记，精心管理。至11月中旬或者有80%以上的三七红籽成熟时，选择在晴朗的天气开始收集果实（分为第一、二、三、四批）。

（三）种子处理

1. 去皮和清洗

三七果实被采收后，应选择色泽鲜红、有光泽、饱满、无病虫害的成熟红籽放入筛内，将筛放入水中把果皮搓去，使种子与果皮分开，再将种子用水洗净，取出晾干（图3-2）。

a

b

图3-2　三七种子
a.带有种皮　b.去除种皮

近年来出现了机械去皮机，实现了三七去皮机械化，工作效率高，设备成本低廉，结构简单，操作简便，大大降低了去皮所耗费的时间和人工成本，使三七种子的去皮清洗效率大幅提高。其工作原理如下：利用脱皮箱体中三七种子的内部挤压作用和搅拌锤片的旋转作用脱去果皮，去皮彻底，清洗干净，自动化程度高，同时能够实现水资源的循环利用。

2. 种子分级

发芽率可直接反映种子在田间的出苗率，种子活力是种子发芽出苗率、幼苗生长的潜势和生产潜力的总和，高种子活力具有明显的生长优势和生产潜力，因此这些指标在种子分级标准中显得尤为重要。葛进等人研究发现，三七种子发芽率与千粒重具有显著相关性。千粒重是体现种子大小与饱满程度的指标，种子颗粒饱满、充实，其内营养物质就相对较多，相应的发芽率高且生命力旺盛。种子活力还受种子的长、宽、厚直接影响，即外形体积大且饱满的种子具有较好的种子活力和发芽率。因此，葛进等将三七种子活力、千粒重和三轴（宽、厚、长）作为分级指标，建立三七种子的分级标准，分级标准见表3–2。

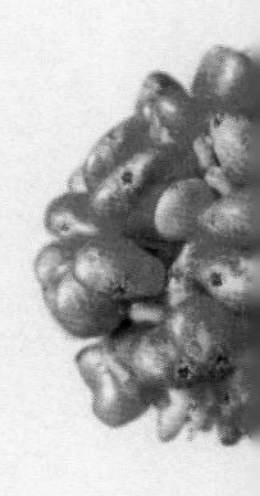

表3-2　三七种子分级标准

级别	千粒重（g）	宽（mm）	厚（mm）	长（mm）	种子活力（%）	外观性状
一级	≥110	≥5.5	≥5.8	≥6.3	≥95	黄白色，圆形或近圆形；种皮有皱纹，种子长5～7mm，直径4～6mm
二级	80～110	5.0～5.5	5.3～5.8	5.5～6.3	90～95	
三级	60～80	4.5～5.0	4.5～5.3	5.0～5.5	85～90	
级外	<60	<4.5	<4.5	<5.0	<85	

不同级别种子活力明显不同。因此，三七种子在采收清洗后应先进行分级，有利于三七的分批播种，进而保证三七出苗均匀，后期苗田管理较为方便。一般生产中使用的三七种子应在三级以上。

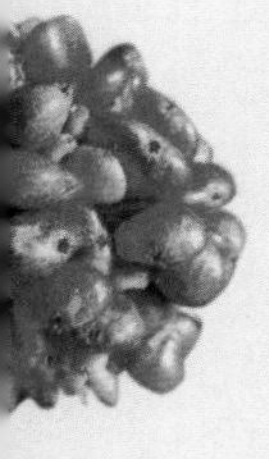

3. 种子消毒

三七种子漂洗干净后，为保证种子的发芽率，应置于阴凉处风干，避免过于潮湿或日晒。晾干的种子需进行浸种消毒才能播种，尽可能使用木桶、瓦缸等容器浸种，且药液浸种次数应小于5次。常用的消毒方法如下：可用65%代森锌400倍液，或1：1：200波尔多液等药剂浸种，隔离病毒感染，加强呼吸强度，提高种子发芽率，浸种10分钟后取出，晾干后进行播种。此外，可用64%杀毒矾可湿性粉剂或40%甲霜灵锰锌可湿性粉剂500～800倍液＋云大120（三七专用型）（300～400）$\times 10^{-6}$倍液+50%多菌灵可湿性粉剂300倍液，浸种10～15分钟，捞出后带药液进行播种；也可以用40%菌核净可湿性粉剂500倍液+云大120（三七专用型）（300～400）$\times 10^{-6}$倍液，浸种15～20分钟后，捞出带药液进行播种。然而，这些药剂处理虽能较好地预防三七黑斑病、根腐病等，但浸种有时不能将三七种子种苗病菌彻底杀灭，很有可能造成二次侵染，拌种又极易导致药害的发生。三七种子在播种后需长达2个月的时间才能萌芽，这期间较容易发生霉变。

目前在三七生产中，不管是采用浸种或者是拌种都不宜大面积的推广使用。目前正在研制的三七包衣种子，如果没有用药剂浸泡过种子，则需要用专用包衣剂将种子包衣后再播种，种子包衣技术有别于以上两种方式，不仅能够提高栽培质量、预防病虫害发生，而且也是实现良种标准化的有效手段。三七种子自然条件下长时间存放活力会降低，所以通常保存于湿沙中，但湿沙保存易造成包衣脱落。故要选用适宜的种衣剂，提高成膜时间和牢固度。通常在湿沙保存结束后，于播种前1～2天进行包衣。陈中坚等人开展了适用于三七种子包衣的专用种衣剂研究和筛选。发现种衣剂以药-种比（1∶50）包衣处理三七种子后出苗率达100%，优于其他处理组。

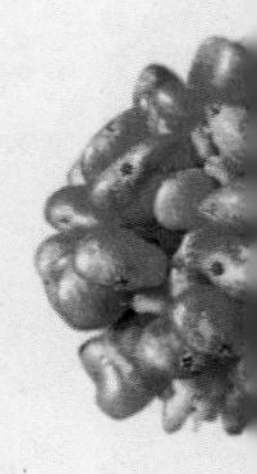

4. 种子保藏

生产中，因种子贮藏不当而造成严重经济损失的时有发生，给生产、科研和种质保存带来了许多困难。三七种子是顽拗型种子，最低安全含水量为17%，因此不宜日晒或风干而失去水分。三七种子当含水量为30%左右时，其生活力开始降低。若采收回的三七种子不能及时播种或远运其他地播种时，必须采取适当的措施保藏，才能保持种子在一定时间内有着较高的发芽率。目前生产中为保障三七种子的发芽率，多采用先储藏后熟再播种的方式。

崔秀明等人研究表明三七种子在自然条件下仅能存活15天左右。三七种子在4℃冰箱干藏30天和45天后，仍具有活力的种子分别为80%和10%，而湿沙藏45天后，种子出苗率仍为85%。在-20℃条件下保存10天后，种子生活力为13.42%；0℃保存10天后种子生活力为15.81%。因此，三七种子不宜低温贮存，可用25%的湿沙短时间贮藏。具体方法如下：将1份种子加入4～5份（按体积计）的湿沙（沙土的含水量以25%左右为宜，即用手抓能成团，放开手掉到地面能散开）或湿泥土拌和均匀，放在木箱内置阴凉处或堆放在室内阴凉避风处贮藏保管（图3-3）。这样贮藏保管的三七种子在45～60天内，尚可以保持较高

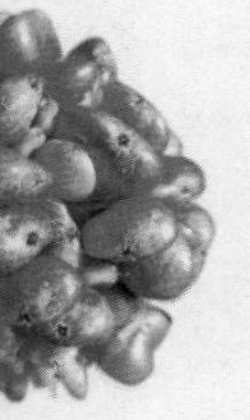

图3-3 种子沙藏

的发芽率。但基质含水量和贮藏温度对贮藏效果影响很大，保藏期间要勤检查沙土的干湿度和温度，如果发现沙土湿度降低，应洒适量的水，以保持原有湿度。若箱（堆）内温度升高，应及时把种子和沙土从箱内倒出摊开晾，待温度下降后再装回箱内保藏。

二、三七种苗繁育

（一）选地

三七适宜的育种、育苗地海拔在1000～1500m。三七对栽培环境要求较为严格，忌严寒酷暑，喜欢冬暖夏凉的气候条件，需要严格控制。因为气候条件的改变容易诱发大面积的病虫害，为控制病虫害进一步加重，则需要使用大量的农药进行防治，进而增加了三七污染。此外，还应尽量选择在土层较厚，土壤疏松肥沃的黄壤、红壤及黑色砂壤土中进行播种，最大限度地减少化学肥料的使用，同时增强三七的抗病性。

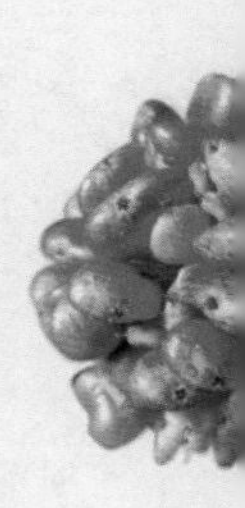

（二）整地

种植三七前将种植完前茬作物的土地进行三犁三耙，及时翻地碎土造园，确保土细，经阳光充分暴晒，将各土层中的病菌及虫卵翻出杀死，减少病虫害的发生。每亩土撒入100kg生石灰进行土壤消毒灭菌和土壤改良。生石灰处理的时间在10～11月进行。因生石灰本身是一种酸性土壤改良剂，这种土壤

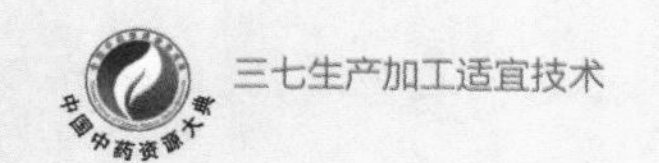

处理方式对于偏酸性的土壤效果较好，而对于偏碱性的土壤则不实用。对于10年内栽过三七的土地，还需用50%多菌灵可湿性粉剂、70%敌克松可湿性粉剂、25%粉锈宁可湿性粉剂进行药土消毒，其方法为每公顷用15～30kg上述各粉剂与1500kg潮土拌匀后均匀撒施于畦面。平地、缓地苗床床高一般为20～25cm，若育苗地为坡地，则床高在15～20cm的范围内，无论何种地势，苗床床宽均为120～140cm。此外，还应保证苗床与苗床间的距离不要太窄（35～50cm）。

（三）建棚造园

三七是阴生植物，需要搭建荫棚，为保证透光均匀一致，透光率保持为8%～12%，较大的透光率容易给三七带来病害。一般在11月中下旬至12月中下旬进行搭棚造园，应在搭建前准备好一定数量的铁丝，三七专用遮阳网及支撑荫棚所需的七杈。传统的三七荫棚搭建多使用杉树叶作为建棚材料，建棚步骤与遮阳网棚类似。但由于杉树叶作建棚材料需要消耗大量的树木资源，这将造成生态环境的破坏，而且购买树叶需要大量的费用，成本也比遮阳网高，最为重要的是杉树叶易燃，发生火灾后将给三七种植者带来极大的损失。因此，在建三七荫棚时不提倡用树叶。

搭建荫棚的具体步骤如下：首先根据地势和面积大小确定，建盖荫棚的面积不宜过大，面积在三亩以下的可直接作为一个荫棚，若面积过大则应考虑分棚。在确定每个三七园的面积后，用石灰在土地上顺坡向划线，两线间距离为1.8m，再采用杉木等树棒做七杈（长2.1～2.2m，粗在5cm以上），按2.0m×2.4m打点栽杈，栽的杈做到横直成线，杈口方向一致，也就是下一步理墒的方向。杈栽好后，顺杈口拉好铁线，要求铁线平直稳固。用铁丝固定好之后，铺盖三七专用遮阳网，在顶面加放压膜线。荫棚高度以距地面1.8m左右，距沟底2m左右为宜。园边用地马桩将压膜线拉紧固定，整个遮阳网面应拉紧。为了更好地控制透光率，目前的荫棚多为两层遮阳网，即在第一层遮阳网的上方再增加一层透光率较大（约为50%）的遮阳网。

（四）播种

播种时期为当年的12月中下旬至翌年1月中下旬。当前主要有人工播种和机器播种两种方式。现在很多种植区仍采用点播器进行人工播种，其优点在于可以在很小的地块上进行作业（如十几平方米甚至更小地块），甚至可以将种子播到地头或者地边上，可以人为控制播种量，使得有限的土地得到最大限度的利用。但采用人工播种也存在着很大的问题：如随意性大，播种不均匀，容易出现“漏籽”“丛籽”现象；此外，人工播种深浅不一，不同的人播种的深度不同，即使是同一个人播种，也不能持续数小时将播种深浅控制一致。播种较深会使出苗时间长，消耗较多的养分，且出苗后的苗较为瘦弱。播种较浅会造成不出苗或者出苗过早。不同播种深度造成出苗早晚不同，很容易出现大苗

图3-4　人工播种

欺小苗现象，不易管理。人工播种具体方法为：先用三七播种专用穴板在三七畦面压1cm深播种孔，孔穴密度为（4～5）cm×5cm。将用湿沙贮藏后熟好种子，筛去河沙，加入钙镁磷肥和多菌灵干粉（多菌灵用量为种子重量的0.5%）包裹或用其他消毒方法进行消毒后直接点播（图3-4）。每亩（667m^2）播种18万～20万粒。

三七播种机具有投种高度小，种子落入种沟的弹跳小，播种合格率高，省种省工，作业质量好，行距、株距均匀、深浅一致等优点，且播种机在播种时与种植地土壤接触面积大，对土壤压实性较小，与土壤之间摩擦力大，具有防滑，强度大不易磨损等特点（图3-5）。但机器播种仅适用于较开阔、适宜操作的地块。对于边边角角的地方无法使用播种机进行播种。播种机使用方法如下：①在播种器内装入适量的种子，为保证下种量和出苗率，加种量至少要加到能盖住排种盒入口，浸泡的种子应晾干后进行播种，以保证排种流畅；②双手握住手柄，播种机平行畦面匀速直线行驶，农机手选择作业行走路线，应保证加种和机械进出方便，且不能忽快忽慢或中途停车，防止重播、漏播；③作业时随时观察播种器内种子的位置，当种子上平面接近底部时，应及时加种，

图3-5　第三代播种机及其播种效果图

否则容易漏播；④应保证土壤不要太硬或太湿，以免损坏机器，影响出苗率及产量；⑤使用结束后，应及时清理种子，清洗播种器并晾干。

该播种机适用大棚、露地上的三七种子播种，经云南省农业机械产品质量监督检验站对其进行作业性能指标的检验，其播种合格率、作业效率、作业幅宽、行距和株距等均已达到要求（表3-3）。三七播种机的出现大大提高了播种效率，能够进一步促进三七产业的发展。

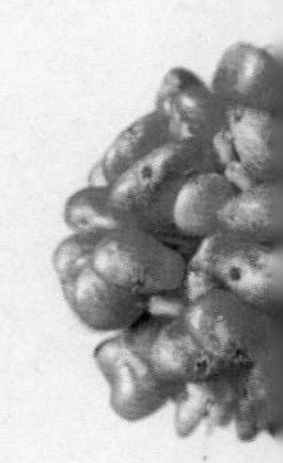

表3-3　云南省农业机械产品质量监督检验站检验报告

序号	项目	技术要求	单位	实测结果	单项判定
1	播种合格率	≥60	%	93	合格
2	作业效率	≥0.10	hm^2/h	0.12	合格
3	作业幅宽	≥0.6	m	0.6	合格
4	行距	4～6	cm	5	合格
5	株距	4～6	cm	5	合格

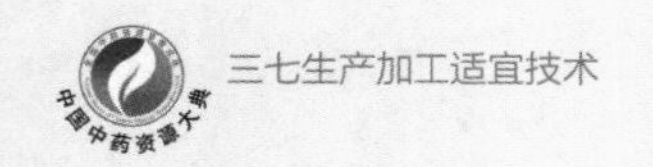

播种完后用充分腐熟农家肥拌土将三七种子覆盖，以见不到种子为宜。然后在畦面上均匀覆盖一层松针，覆盖厚度以床土不外露为原则；也可用白色地膜覆盖，能够改善土壤环境，使三七出苗期缩短20天左右，利于土壤保温，避免三七被冻伤，地膜栽培一般在一年内不需再追施大量肥料。

（五）苗田管理

1. 防旱与排水

三七播种后应视土壤墒情进行浇水排水，旱季要勤浇水，每隔10～15天浇水1次，保持畦面湿润，使土壤水分一直保持在20%左右。洪涝时节，应在雨后及时排除园内积水，防止病虫害发生，以利种子发芽和幼苗生长。

2. 施肥、除草

三七为浅根植物，根部多在15cm左右的土层处，三七出苗后，可在7月和10月，视田间长势追施两次肥。肥料以三七专用复合肥为主，每次追施量在每亩10～15kg。另外，结合田间打药可叶面喷洒磷酸二氢钾，促使幼苗健壮成长；在施肥前后，发现畦面长出杂草需及时用手拔除，防止杂草与三七植株争夺水肥，保证田间清洁。

3. 病虫害防治

三七根腐病、立枯病、猝倒病、黑斑病、疫病等为苗期主要病害，蚜虫、小菜蛾和地老虎等是三七苗期最主要的虫害，应根据病虫害种类及时做好防护。

4. 调节荫棚通风透光能力

三七苗期应根据不同季节及光照强度的变化来灵活通风除湿、调节透光率，改善三七通风透光能力，减少病虫害的发生。雨季将荫棚四周和园门打开，进行棚内通风除湿，降低田间病虫害。

5. 炼苗、起苗

三七在起苗前应进行炼苗，一般在10～12月，将田间土壤水分含量控制在15%～20%，棚内透光度调节至20%左右，利于增强种苗抗性，提高种苗质量。种苗一般在移栽前采挖，要求边起苗边选苗边移栽。三七育苗到次年12月，地下根长至筷子头粗细时，即可挖起作种根（即“籽条”）种植。起苗时应尽量避免损伤种苗，在采挖时应及时清除受损伤的、病虫危害的及弱小的种苗。种苗以休眠芽肥壮、根系生长良好、无病虫感染和机械损伤且单株重在1.25克/株的子条最适宜。对于叶部清秀无病的种苗可边挖边去叶子边选苗。选好的种苗一般用竹筐或透气蛇皮袋装放和运输，边采挖边运输种植。如种植地较远，三七种苗运输途中要做好保湿防晒，切忌直接在子条上浇水保湿，可用青松毛衬垫于竹筐底部和四周，然后用具有一定湿度的青苔或者自然土作间隔，分层放置籽条，此法可在一周内保持籽条鲜活。一般建议采挖后2～3天内栽种完。

三、三七栽培模式

三七是阴生植物，喜散射光、夏无酷热、冬无严寒、温凉的气候。三七因栽培方式的不同，而具有不同的产量，主要有遮阳网栽培和地膜覆盖栽培模式。本节就当前三七生产中主流栽培方式加以介绍。

1. 遮阳网栽培

三七传统栽培一般以作物秸秆、野草、树叶等作为遮阴材料，每亩需耗用竹子3300根，木叉270根，但极易引发火灾。为改进传统的栽培模式，提高三七的现代化栽培水平，三七遮阳网栽培技术应运而生。

三七在整个生长过程中，对光、湿度、温度的要求随着季节和生长发育期的不同而不同，因此应先搭荫棚，以调节光照。遮阳网是以聚烯烃树脂为主要原料，并加入防老化剂和各种色料，经拉丝编织而成的一种轻量化、高强度、耐老化的网状新型农用塑料覆盖材料。其质轻耐用，体积小，柔软易收放，使用起来比树枝、玉米秆等传统覆盖材料省时、省力。崔秀明等早在1993年对三七专用遮阳网技术开展研究并获得成功。三七荫棚高170～180cm，立柱长200cm。立柱间距一般为165～195cm，杈口向上，与畦面一致，埋牢固。人工搭建荫棚必须做到透光均匀一致，透光率为8%～12%。园边用地马桩将压膜线拉紧固定，整个遮阳网面应拉紧（图3-6）。

图3-6 三七遮阳网栽培

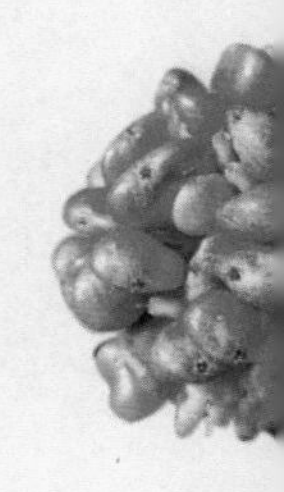

据崔秀明等对文山平坝、老回龙、小街、古木、西畴西洒等5个三七主产乡镇遮阳网与传统荫棚栽培的同田进行对比试验，结果表明遮阳网在改善田间小气候、促进生长发育和提高经济效益上效果显著。

遮阳网园内的空气温湿度与传统荫棚无异（表3-4），这是由于遮阳网采用黑色塑料制成，具有一定的吸热性，但由于空气的不良导热性，荫棚内温度差异已变小，甚至地表温度还略有降低。三七专用塑料遮阳网出苗率和存苗率均比传统荫棚有明显提高，分别提高4.5%和14%（表3-5），遮阳网栽培除单株重略低外，其余均比传统荫棚好（表3-6）。可明显提高三七产量（表3-7），平均增产达17%，单株重略低可能是由于与遮阳网存苗率提高，群体密度增大有关。

表3-4　三七专用塑料遮阳网对三七园内温湿度的影响

处理	地面温度（℃）	距地60cm温度（℃）	距地130cm温度（℃）	露地气温（℃）	园内空气湿度（%）	露地空气湿度（%）
遮阳网	21.76	25.03	26.86	26.61	87.33	81.33
传统棚	22.61	24.78	25.55	26.61	87.33	81.33

注：表内数字为9:30～18:00时测定结果平均值

表3-5　三七专用塑料遮阳网对三七出苗和存苗的影响

处理	出苗数（株）	出苗率（%）	存苗数（株）	存苗率（%）
遮阳网	83.00	80.00	80.00	65.00
传统棚（CK）	78.50	75.50	75.50	50.25

表3-6　三七专用塑料遮阳网对三七植株的影响

处理	单株干重（g）	株高（cm）	茎粗（cm）	主根粗（cm）	主根长（cm）	中叶面积（cm^2）
遮阳网	11.43	35.88	0.61	2.81	3.65	29.32
传统棚（CK）	11.76	31.34	0.61	2.54	3.82	24.24

表3-7　三七专用塑料遮阳网对三七产量的影响

处理	各重复小区产量（kg）				均值	SSR	
	Ⅰ	Ⅱ	Ⅲ	Ⅳ		0.05	0.01
遮阳网	0.53	0.49	0.47	0.52	0.50	A	a
传统棚（CK）	0.49	0.40	0.39	0.38	0.42	B	a

按多点试验测产平均的结果（表3-8），三七干燥后产量，遮阳网荫棚栽培每亩比传统荫棚栽培增加26kg，按目前每千克平均300元计算，每亩可增加产

表3-8 三七专用塑料遮阳网多点试验观察结果

试验地点	海拔（m）	存苗率（%）		地下部分小区产量（kg）		增产（%）	果实小区产量（kg）		增产（%）	折干率（%）	
		遮阳网	传统棚	遮阳网	传统棚		遮阳网	传统棚		遮阳网	传统棚
平坝	1890	65.80	56.00	1.07	0.86	24.42	—	—	—	2.5：1	2.5：1
小街	1810	72.70	66.40	0.97	0.90	7.78	—	—	—	2.3：1	2.3：1
老回龙	1935	61.30	54.00	0.84	0.75	12.00	—	—	—	3.2：1	3.0：1
古木	1340	82.80	53.30	0.52	0.46	13.04	0.55	0.38	44.24	3.5：1	3.3：1
西洒	1430	74.60	50.00	0.36	0.25	44.00	0.45	0.30	40.00	3.5：1	3.7：1
平均	1681	71.44	55.94	0.75	0.64	17.00	0.50	0.34	43.36	3.0：1	3.0：1

值8000元。此外，遮阳网荫棚可连续使用4年（两个生产周期）以上，每亩可比传统荫棚减少生产投入500～800元。两项合计，使用遮阳网荫棚栽培三七，可亩增效益9000元以上。

但是遮阳网栽培技术也存在如下问题。

（1）三七专用遮阳网栽培技术是一项具有严格技术要求的栽培措施，若不按技术要求严格操作，易出现不抗风、滴水等不良后果，对三七生产带来影响，这是生产中必须注意的问题。

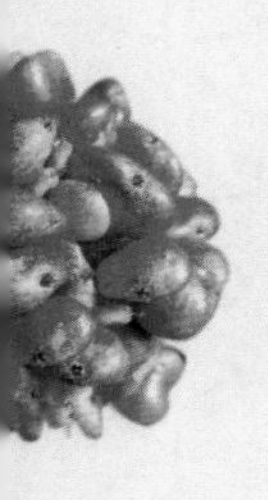

（2）因三七专用遮阳网荫棚透光率为一次设定，实际应用中随季节变化而变化的幅度很小。而三七则在随着生长年龄的增加对光照强度需求也有增加的趋势。传统荫棚可采用人工进行调控，遮阳网荫棚目前却难以做到这一点，这是遮阳网荫棚的不足之处，也是需要进一步研究的课题。倘若遮阳网能做到随三七生产季节不同而调整不同的透光率，其增产幅度可能还要大得多。

2. 地膜覆盖栽培

方艳等研究发现，三七生产上采用地膜覆盖栽培技术可显著提高三七产量和经济效益，特别是2010年干旱年份，地膜覆盖栽培的保苗保收效果更加显著（图3-7）。三七地膜覆盖栽培在选地、整地、施肥、播种等方面与传统栽培无异，其特点在于覆膜和破膜放苗技术。覆膜是选择1.5～2.0m宽的无色聚乙烯膜，地膜厚度以0.008mm为宜。每公顷用150kg左右。土壤墒情好的地块，覆

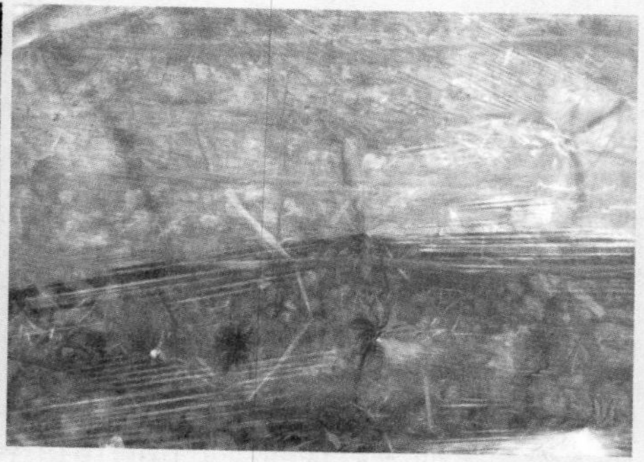

图3-7　三七地膜覆盖栽培

膜前轻浇1次水，浇水后1～2天进行覆膜。干旱地土壤水分不足时。播种盖草后及时浇透水，5～7天后再浇1次水；第2次浇水后1～2天内覆盖地膜。地膜四周要用床沟土封严保温，使薄膜紧贴床面覆草。覆膜时要注意床畦中间的七杈，可采用剪刀将地膜剪破一长口将七杈包进去，并用沟土将破口压实。地膜覆盖能促进三七提前出苗。三七呈倒钩形顶土出苗，破膜放苗时不可用刀片切割，用8号铁丝自制小钩，钩破地膜放苗。苗孔处培土护根。也可在全园50%出苗，苗高1～2cm时直接揭膜放苗。破膜放苗时间在早晨11点以前，下午四点以后为宜。

地膜覆盖栽培技术与露地栽培相比具有以下优势。

（1）减少水分蒸发　实行地膜覆盖在旱季可显著减少地面的水分蒸发，能使三七畦床5～15cm土壤湿度保持在25%左右（三七生长比较适合的土壤湿度），与露地栽培相比土壤湿度提高了25%以上（旱季露地栽培土壤湿度只有

20%左右），可保持田间土壤1个月以上不用浇灌（露地栽培5～7天必须浇灌1次），每公顷可节约灌水450吨。

（2）提高三七出苗率和存苗率　实行地膜覆盖栽培有效改善土壤温度，使畦床5～15cm地温提高0.4～0.8℃，并能防止长期浇水造成的土壤板结，保持土壤疏松，从而显著提高三七田间出苗率、齐苗率和存苗率。同露地栽培相比，地膜覆盖使每平方米出苗数增加30多株，存苗数增加20%以上，三年七存苗率提高了15%以上。

（3）减少早春三七霜冻损失　三七3～4月出苗期间最怕霜冻。高海拔地区种植三七时常会发生霜灾而导致田间生产损失。实行地膜覆盖栽培可有效解决高海拔地区种植三七的霜冻损失，并有提早三七出苗的效果。

（4）减少肥料流失　实行地膜覆盖栽培，可防止雨水冲刷造成的水土流失，提高土壤保肥能力。同露地栽培相比，田间有机质提高了50%，土壤速效氮、磷、钾含量亦明显提高。

（5）降低田间发病率　实行地膜覆盖栽培可防止田间大干大湿，保持床面土壤湿度稳定，增强植株抗性，从而降低田间发病率。

（6）降低鼠害和虫害　三七生产上常会发生老鼠和蝼蛄等动物和昆虫的危害。实行地膜覆盖栽培可使三七田间鼠害率降低30%以上，并显著降低田间蝼蛄的危害。

（7）促进植株生长，提高产量 由于上述效应，地膜覆盖栽培促进了三七生长，改善了植株形态，提高了光能利用率，植株株高、根粗、根长显著增加，从而显著提高了三七产量。地膜覆盖栽培一般可使三七增产25%～37%，增加大规格三七比例，且对三七皂苷含量影响不大，即可保质增产。

四、三七种植技术

（一）种植地选择

中草药对种植基地要求较高，需遵循地域性原则。根据其生物学特性，因地制宜，开展中药材生态区域选址，分析药材的适宜生长区域，确定中药材生产基地，是实现中药材规模生产的重要环节。

三七喜冬暖夏凉，忌严寒和酷热的气候，对生存环境要求严格，故而应对三七的种植地慎重选择。孟祥霄等研究采用《药用植物全球产地生态适宜性分析系统》进行三七产地适应性分析，以道地产区、野生分布区及当前主产区的326个采样点的气候因子数值和土壤类型生态因子为依据，分析全球三七适宜产区，发现中国三七最适宜产区所占区域超过全球最适栽培区面积的70%，我国作为三七的主产国其最适栽培区主要包括云南、广西等省区，这为三七引种扩种提供了依据。魏建和等研究发现适宜栽培三七的区域月平均气温最低温度不低于0℃，最高温度不高于33℃，平均年降水量在1000～1500mm，种植土壤多为红壤和棕红壤，海拔高度在1000～1600m，且年平均湿度在75%～85%。其中云南文山具有低纬度高海拔气候条件，能有效促进三七干物质的积累，是至今名副其实的道地产区，其产量、内在品质及外观上均优于其他产区。

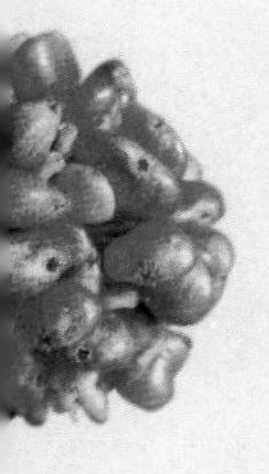

一般情况下，三七种植地的地势应相对较高，且有一定坡度，以利雨季排水。地块应向阳、背风，土质疏松、中偏微酸性（pH值为6～7）砂质壤土种植。为了三七的优质产出，需考虑种植地的重金属含量和农残是否超标，其限量标准如下：六六六≤0.2mg/kg，DDT≤0.2mg/kg，Pb≤50mg/kg，Cu≤80mg/kg，Cd≤2mg/kg，Hg≤1mg/kg，As≤20mg/kg。

三七想要高产，忌讳连作，故在选地时不能选择8年内种过三七的地块，前作以玉米、花生或豆类为宜，前作是水田的三七长势普遍比前作是玉米、花生或豆类的差，并且病害较严重。合理的轮作倒茬是用地养地相结合，保证持续稳定增产的有效农业技术措施。

（二）播种育苗

三七种子具有后熟性，需用湿沙保存至12月或翌年1月，待到三七种子解除休眠期，即可播种。先在畦面上用打眼器打眼，或用划行器定点，开浅沟，按株行距5cm×5cm、6cm×7cm、7cm×7cm播种，每穴1粒。然后覆土，盖草保墒，盖草应切成7cm左右的节草为宜。每亩播种量18万～20万粒。播种完成后要及时浇水，将畦面、畦头、畦边浇透，浇水时要轻浇、浇均、苗期主要作好防旱和排水。

种苗移栽通常于播种后一年进行，可用10cm×15cm模板打穴，令三七种苗的休眠芽向下，移栽密度一般为2.5万～3.5万株/亩。播种或移栽前均需用64%杀毒矾+50%多菌灵500倍液作浸种处理，栽后需覆盖拌农家肥的细土，至完全看不见播种材料为宜，再撒一层细碎的山草或松毛。

（三）栽培种植地管理

1. 整地

三七整地要求三犁三耙，充分破碎土块，并经阳光暴晒。栽种过三七的地块，在翻耕前的地面铺一层草，进行焚烧，或每亩地用50～70kg石灰做消毒处理。整好后作畦，畦宽100～115cm，畦长视地形而定，畦高约33cm，畦面呈弓形。深耕土壤，并随耕随拾虫，通过翻耕可以破坏害虫生存和越冬环境，减少次年虫口密度，提高三七产量。

2. 施肥

三七施肥分为底肥和追肥，底肥是施肥中最基本也最重要的一个环节，对三七生长发育尤其在苗期和三七生长前期至关重要。三七底肥需在整地耕作时施足，常用厩肥、草木灰、绿肥、火土等，做到细、润、匀、足，即细碎、腐熟、散热、保湿、均匀、数量足。追肥是指在三七生长中加施的肥料。追肥的作用主要是为了供应三七某个时期对养分的大量需要，或者补充底肥的不足。

适时追肥，掌握适量多次的原则，三七现蕾期（6月）及开花期（9月）为吸肥高峰，此时应对三七追肥，以农家肥为主，辅以少量复合肥。

3. 浇灌水

湿度是影响三七生长的一个重要因素，栽培过程中要注意抗旱排涝，保持土壤湿润。三七播种后视墒情及时浇水，每隔5～7天浇水一次，使土壤水分保持在25%～30%；若土壤水分过多，透气性差，易引起根腐烂和各种病害，降低三七产量。因此，调节土壤水分含量，可有效提高三七产量和品质。在三七生长发育过程中，要保持一定的土壤湿度。干旱季节，注意浇水，做到轻、匀、适、透，不浇猛水、浑水。雨季清理排水沟，注意排水，做到园内无积水，园外水畅通。

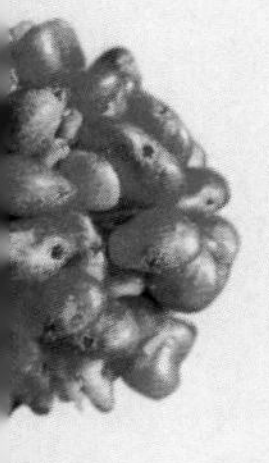

4. 病虫害防治原则

因生长环境的特殊性及生长年限等特点。三七生长期间极易受到各种病虫害的侵染，因此病虫害防治是三七栽培过程中的重要环节。三七病害种类很多，其中以根腐病、黑斑病、圆斑病等发生最为普遍而严重。但无论何种病害均应遵循农作物用药的一般施用原则。

（1）农药使用准则　农药的合理使用，就是要求做到用药少，防治病虫效果好，不污染或很少污染环境，残留毒性小，对人、畜安全，不杀伤天敌，对作物无药害，能延缓害虫和病菌产生抗药性等，以切实贯彻经济、安全、有效的“保益灭害”的原则。要从综合防治角度出发，运用生态学的观点来使用农药。即在用药时，着重考虑下列几个问题。

①选择适当的农药品种和剂型：农药化学性质不同，防治对象和效果也不一样，即使防治范围比较广的农药，也不是对所有的病虫害都有效，因此要正确选择农药种类。其次，各种农药对人、畜的毒性，在田间的残效期的长短，防治病虫的作用方式等差异很大，使用时也要根据作物和病虫特点选择农药。另外，农药剂型不同、使用方法和防治效果也不同，必须根据用药环境及病虫特点选择适宜的剂型。

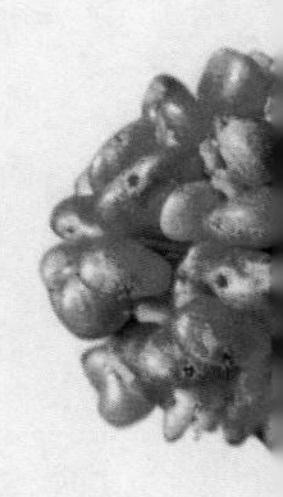

②适时用药：使用农药防治病虫害，必须抓住有利时机，才能充分发挥农药的效力，确保作物免遭危害。一般在病虫发生初期施药，收效最大。若防治过迟，不仅病虫已造成损失，而且给防治带来很大困难，但过早用药，待病虫大量发生时药已失效，又会造成浪费，还会加重污染环境等。

③准确掌握用药量：主要指准确控制药液浓度、每亩用药量和施药次数。应当使用最低有效浓度和最少有效次数，符合经济、安全、有效要求，省药、省工、省成本，既可避免对作物产生药害，又减少残毒，对天敌亦较有利。

④讲究施药方法：在选择施药方法时，凡种子处理、土壤处理、性引诱剂和毒饵诱杀等有效的方式，应尽量采用；其次，采用低容量和超低容量喷雾法，或撒施颗粒剂法，防治效果也较好且对环境的污染小；而大田喷洒农药中

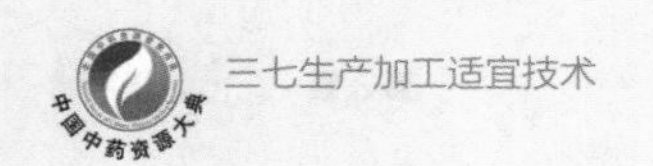

如喷粉法、喷粗雾法、撒毒土法及泼浇法等，防治效果较差，又污染环境，一般应尽量避免使用。

⑤看天气用药：气候条件的变化，一方面影响药剂的理化性，另一方面又影响防治对象的生理活动，从而影响药效的发挥。如气温高一般可以提高药效，但也易产生药害，施药量就应尽量减少或避免在中午高温时施药；刮风下雨可使喷布的药液快速流失，降低药效。雨水多、湿度大又有利于大多数病害的发生，故要注意抢在雨停或下雨间隙及时用药，最好施用内吸杀菌剂，其次乳剂抗雨性也较强，而水剂等水溶性大的药剂则最好不要使用。

⑥交替使用和合理混用农药：不同农药交替使用可提高药效和避免病虫产生抗药性。将两种或两种以上农药混合使用既可兼治几种病虫害，还可与施肥结合，节省用工，并可防止病虫产生抗药性。

（2）三七农药使用准则　按照《三七农药使用准则》施用农药，施用过程中必须遵循以下准则：①允许使用植物源农药、动物源农药、微生物源农药和矿物源农药中的硫制剂、铜制剂。②禁止使用剧毒、高毒、高残留或者具有三致（致癌、致畸、致突变）作用的农药。③允许有限度的使用部分有机合成的化学农药。应尽量选用低毒农药，如需使用未列出的农药新种类，须取得专门机构同意后方可使用；每种有机合成的化学农药在一年内只允许使用3～5次；各种允许使用的有机合成化学农药的安全间隔期为20～30天；应提倡交替使用或合理混用有机合成化学农药；禁止使用化学除草剂。

5. 三七生产中的常见病害与防治方法

（1）根腐病（*Fusariums* spp.）是三七块根、根茎、休眠芽等地下病害的总称，是三七病害中最为普遍而严重的病害之一，此病在各年生三七中一年四季均能发生。且生长年限越长发病越严重，特别是轮作年限少于5年的土壤。

病原菌：根腐病病原菌较复杂，由腐皮镰孢（*Fusarium solani* f. sp. *cadieicola*）、尖孢镰孢（*F. oxysporum*）、串珠镰孢（*F. moniliforme* var. *intermedium*）和细链格孢（*Alternaria tenuis*）复合侵染，在加速腐烂过程中还有小杆线虫（*Caenorhabditis elegans*）的参与。

病症表现：常有两种，①地上部初期叶色不正，叶片萎蔫，叶片发黄脱落，地下部腐烂；②地下根部局部根系受害，叶片向一边下垂萎蔫。发现这些症状时应及时拔除病株。

防治措施：目前最理想的办法是采用农业综合措施辅以化学方法进行防治，简介如下。

①选择适宜地块。最适宜种植三七的土壤为砂壤土，pH值为6～7（即中偏微酸性土壤）。地块要有一定坡度，以利雨季排水；不要选择8年内种过三七的地块种植。

②选择健康种苗移栽。种苗带菌或起挖后贮藏时间过长，是导致二年七根

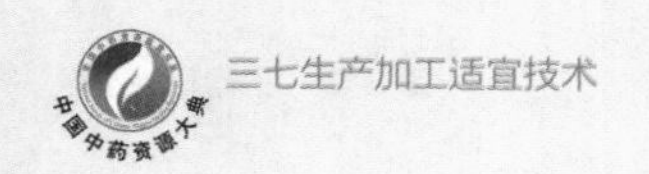

腐的一大原因。因此，选择健康种苗，适时移栽非常重要。健康种苗的选择，除了要注意种苗植株性状是否良好外，还要查看种苗中是否有腐烂植株，种苗地是否有病株残体存在，如有应及时清除并用1：1：300倍的瑞毒霉锰锌+甲基托布津或多菌灵液处理30分钟后带药液移栽。

③施用腐熟肥料、适当施用化学肥料和适时适量灌溉。施用未充分腐熟的农家肥是造成烂根烂芽的原因之一。因此，若选用猪粪、油枯等农家肥作三七肥料，一定要堆沤3个月以上，以便充分腐熟。化肥施用方法不当或用量过多，也是造成根腐病的原因。在生产上除适量施用硫酸钾、钙镁磷肥以及多元复合肥外，不提倡在三七上施用尿素、硝铵等氮素化肥。此外，适时适当灌排是预防根腐病的有效措施之一，三七对水分的要求很严，过多或过少都会影响三七的正常生长。在旱季要浇水保持土壤水分含量，雨季要注意排水。

④加强冬季管理。二年七的冬季管理对三年七根腐病发生有直接影响。该病原菌主要靠病残体在三七园内和土壤中越冬。因此，在冬季打扫三七园，消除病残体并进行消毒处理十分重要。可用代森锌、多菌灵、敌克松等300～500倍液进行灌根或喷雾处理。

⑤化学防治。化学防治是防治三七根腐病的辅助性措施。可用20%甲基托布津可湿性粉剂300～500倍液、瑞毒铝铜300倍液、敌克松500倍液在发病前或发病初期灌根防治。

（2）黑斑病（*Alternaria panax* Whetz）

病原菌：三七黑斑病由半知菌亚门，丝孢纲，丛梗孢目，暗色孢科链格孢属的（*Alternaria panax* Whetz）病原引起。该菌分生孢子萌发最适温度为20℃，湿度100%，pH值为6，12小时光暗交替有利于孢子萌发，菌丝生长最适温度为25℃，pH值为6，全光照有利于菌丝生长；病菌最佳碳源为马铃薯淀粉、蔗糖，氮源以有机氮最好。该菌产孢最适温度为18℃，pH值为8，全光照，以甘油、木糖为碳源，蛋白胨为氮源的产孢量高于其他碳氮源。

表现症状及主要危害的部位：叶部受害时，先是出现类似圆形、椭圆形的斑点，叶脉略带黑色，色泽逐渐加深；茎秆受害时，发病部位皱缩，病斑向上下扩展，茎秆中下部的称“黑秆瘟”，茎基部的称“烂脚瘟”；叶柄受害时，凹陷而扭折；花轴受害时，早期病斑较浅，后期可明显看到黑色霉层，俗称“扭脖子”“扭盘”；果实受害时，表面产生不规则褐色水浅病斑，果皮逐渐干缩，附有黑色霉状子实体。

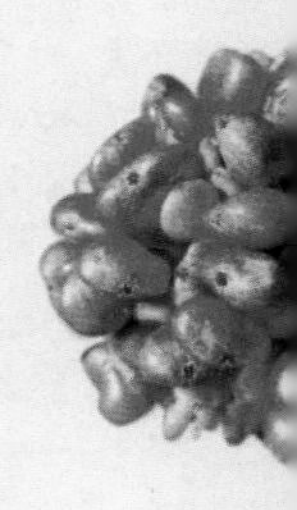

黑斑病病菌能感染三七植株的任何部位，主要以幼嫩组织或组织结构较松散的部位受害为主。无论是在干燥还是潮湿的情况下，病斑中心均产生黑褐色病斑。受害叶片会产生不规则水浸状褐色病斑，其余部位受害会产生黑褐色病斑，常导致落叶、植株折垂而枯死。

发病规律及主要传播途径：黑斑病发生一般有3个高峰期，文山地区分别集中在5月、7月中旬至8月下旬、9月中下旬，最高峰为9月，每个峰值可随当年气候变化、初次降雨时间而前移或后延5～10天；黑斑病的发生与降雨关系密切，当日均温在18℃以上，空气相对湿度达65%，持续2～3天小雨天气或日降雨量达15mm时，黑斑病即可发生，并且发病率随降雨量和降雨次数的增加而增加，发病率与病情指数显示出高度正相关。黑斑病的发生会随荫棚透光率的增加而加重。病害发病末期还会因环境而改变，用玉米秆作荫棚材料的发病率和病情指数均高于杉树枝做天棚的三七园。该病菌主要由带病种子、种苗、病残体、气流、雨水、土壤及病菌孢子等传播。带菌种子、种苗是新三七园的初次侵染源，残存在三七园内的病残体及土壤带菌是老三七园三七黑斑病的主要侵染来源。

防治措施：①根据三七黑斑病发生规律，实行轮作，做好清除菌源及合理的肥水管理是防病的基础措施。②药剂防治也是十分必要的，方法如下：可用64%杀毒矾可湿性粉剂（1∶500倍液）、40%菌粉净可湿性粉剂（1∶400倍液）、40%大生可湿性粉剂（1∶500倍液）、40%菌核净（1∶500倍液）、45%菌绝王（1∶500倍液）、58%腐霉利（1∶1000倍液）等，上述药剂可任选其中1种或者2～3种混配后兑水喷雾防治，7天左右喷药1次，接连喷施2～3次，可见药效。代森铵、代森锌（1∶300倍液）混合液+新高脂膜对防治三七黑斑病有较好的防治效果。25%丙环唑水剂2000倍液、30%爱苗乳油3000倍液、25%腈菌唑水剂2000倍液对三七黑斑病的防效均达80%。

（3）圆斑病［*Mycocentrospotra acerina*（Hartig）Deighton］

病原菌：三七圆斑病病原菌为半知菌丝孢纲的槭刺孢［*Mycocentrospora acerina*（Hartig）Deighton］。该病菌在马铃薯葡萄糖琼脂培养基上生长，最适碳氮源分别为木糖、牛肉膏；其菌丝生长最适温度为20℃，pH值为6。

表现症状及主要危害的部位：三七圆斑病可危害三七植株的各个部位，在各龄期三七植株上均有发生，受害部位的表层病斑一般呈圆形褐色，发病组织较干，有明显的轮纹，病菌感染处与未感染交界处可见黄色圆圈，潮湿环境下病斑表面生稀疏白色霉层。叶背面可看到黄色小点，遇到连续阴雨，病害发展速度快，小点病斑呈透明状且迅速扩大至直径为5～10mm，从发病到脱叶仅1～2天，若天气晴朗，发病速度减慢，形成“鱼眼珠病”的大病斑。茎秆感病部位呈褐色，初期时不会造成扭折，发病后天气晴朗时受害部位会产生裂痕，稍微用力触茎秆即可从受害部位折断；芽部和幼苗茎基部组织表皮为褐色，茎基病害部位凹陷且中央为黑色；根茎和块根受害部位和表层一般呈褐色，发病组织较干且剖开发病组织在肉眼下可看到黑色小点或黑色小块。

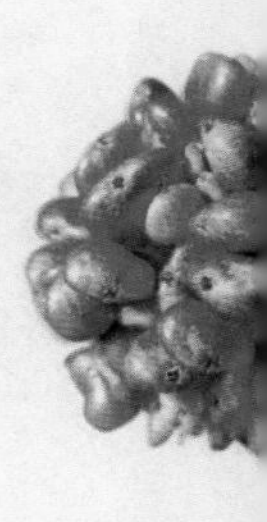

发病规律及主要传播途径：三七圆斑病为一种毁灭性的病害，其发病期主要在春夏两季，主要因降雨量增多，温湿度不平衡时田间的病株残体及土壤中的一些病菌引起。在海拔1700m以上的三七产区发病造成的损失占整个三七生

长过程中各种病害造成损失的70%以上，而在1700m以下的中底海拔地区发病较少。

防治措施：①合理施肥，氮肥施用过多，会导致三七植株徒长而抗逆性降低，三七是块根植物，对钾肥的需求量略高于其他作物，可适当增加钾肥施用量，提高三七植株的抗逆性。②药剂防治如下：在病害发生初期，采用代森锰锌、喷克等药剂喷雾，可及时控制病害蔓延。用50%腐霉利（1∶600倍液）+佳爽（1∶500倍液）或科露净（1∶800倍液）+代森锰锌兑水喷雾防治，每两次施药间隔期一般为7～10天，接连喷施2～3次，可有效地预防和控制三七圆斑病。混配药剂福星+春雷霉素的室内抑制率及田间相对防效分别为100%和89.99%。用药时，根据七龄、植株大小及当地气候变化严格控制药剂浓度的使用，不要随意增加浓度或用量，防止三七药害的发生。每种农药在1年内使用次数最好不要超过5次，最后1次施药距离三七采挖期要间隔20天以上。

（4）三七立枯病及猝倒病　两者均为三七苗期的主要病害，两者症状相似，很难区别。

立枯病（*Rhizoetonia soluni*）为种苗特有病害，一般发病部位在幼苗茎秆基部，即在距离表土层3～5cm的干湿土交界处，病菌侵入后，感病部位组织软化，茎基部初期呈现黄褐色的凹陷长斑，逐渐深入茎内而腐烂，导致幼苗倒伏死亡。

猝倒病一般发病初期在近地面处，受害部位呈水浸状暗色病斑，茎部收缩变软倒伏死亡；湿度大时，受害部表面常出现一层灰白色霉状物。猝倒病发生在地上部茎秆的近地面处，这是区别两种不同病害的主要特征之一。

发病规律：土壤湿度高时，两种病均易发生。但低温、高湿更有利于猝倒病的发生；高温、低湿易诱发立枯病。

防治措施：①做好田间管理工作，注意排水，避免苗床湿度过大，尤其是低凹易涝地要注意排水。②认真选种和种子处理，要选用无病的种子育苗，在播种前用药剂进行消毒处理。③土壤处理，在播种前，用70%敌克松500倍液或50%多菌灵500倍液进行消毒处理。④勤检查，在幼苗出土后，加强检查，发现感染病菌病株立即拔除。并用药剂进行处理。⑤生长期间喷70%敌克松500倍液，70%甲基托布津500倍液，7～10天喷1次，连续2～3次，基本可以控制病害蔓延。⑥杂草防治，要及时拔除杂草，防止与三七争肥、争水，减少病虫传播。可通过整地翻耕清除大部分杂草，三七的生长期可手动拔除。

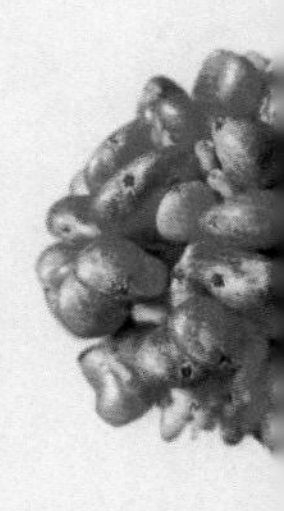

（四）三七连作障碍防治

土壤连作障碍是指同一作物或近缘作物多年连作所产生的作物产量下降和品质变劣的现象，其产生可能是由于土壤中的病原微生物增加，或者是土壤中盐分的积累和酸化、土壤肥力退化和植物本身的自毒效应等。近年来，由于温室、大棚等栽培设施的普及，连年大面积单一种植，加之三七属于荫蔽栽培的多年生植物，且喜温暖潮湿，因此导致其土壤生态环境恶化，土壤连作障碍日益加重，这促进了三七病虫害的发生。三七的连作障碍在生产上尤为突出，由于三七生长周期长，长期连作容易导致土壤养分失衡，根系分泌物增加导致三七的自毒作用，生长环境潮湿荫蔽容易引发相关病害。由于忌连作，随着三七栽培面积的不断扩大，栽培过三七的土壤要间隔7～10年甚至更长的时间才可再次种植，因此连作障碍已成为阻碍三七产业发展的主要原因。三七连作主要表现为植株的出苗率低，发病率高，甚至可能出现植株全部死亡现象。

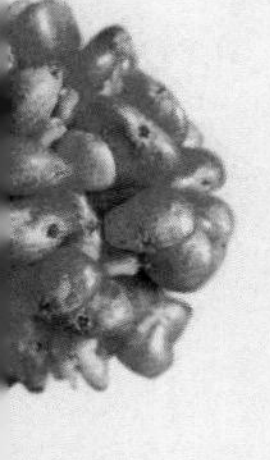

正是由于三七连作障碍的技术瓶颈没有克服，云南文山作为三七的主产地及原产地，已经没有太多的土地规模化发展三七基地，种植主产区逐步迁移到周边的玉溪、曲靖、保山、大理及昆明等地区。但这些三七种植新区已经脱离了原生的三七环境条件，三七品质是否会发生变化还未知，再加上频繁的冰冻、雪灾等环境，给传统的三七栽培技术带来了新的挑战。若三七连作障碍得不到解决，三七产区由文山扩散到云南只是时间上的问题，也是七农的无奈之举。为克服连作障碍，科研人员采用选育良种，与其他非近缘作物进行轮作，合理施肥，甚至采取土壤消毒等多种措施，但目前土壤消毒是一种消除土壤连作障碍最常用最有效最可行的方式。近年来，通过土壤消毒克服三七连作障碍方面的研究已取得了突破性的进展。

土壤微生物如细菌、放线菌和真菌在土壤中养分元素的循环和土壤矿物分解中具有重要作用，决定着土壤团粒结构的形成与稳定，它们可以通过改善土壤结构，进而促进作物生长。土壤中微生物数量是土壤肥力的重要指标之一。其种类及数量越多，土壤肥力越高。作物连作障碍与根系分泌物的自毒作用有关。药用植物在连作条件下，随着连作年限的增加，根系分泌的某些自毒物质逐渐积累，当这些自毒物质增加到其阈值时，土壤中的病原微生物的代谢产物与植物残体腐解物将会对植物产生致毒作用，从而改变土壤微环境，影响到植株的生长代谢。若能通过土壤消毒方法调整土壤中微生物结构，也是解决三七连作障碍问题的方法之一。

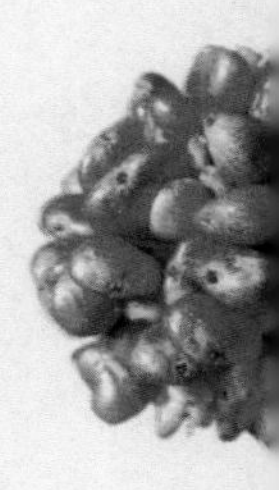

合理轮作是三七土壤改良的主要措施之一，该方式可以有效改善栽培地土壤的理化性状，同时可协调土壤的水、肥、热、气的关系，有效抑制病虫害发生。轮作将用地和养地有效结合，而且可发挥微生物间拮抗作用，达到病害生物防治的目的，减少农药使用量，避免农药对土壤、水源、环境的污染。有效的轮作方式可以改良三七连作土壤，随着轮作年限增加，三七出苗率显著升高；土壤微生物的丰富度及物种多样性指数增加；轮作后土壤中氮、磷、钾等养分含量有所降低，但有机质含量明显增加，此方式有效改善了三七连作土壤的理化性状，对优质三七栽培有重要意义。

土壤消毒是防治三七病虫害的有效措施，多采用高效、低残毒的制剂进行处理；也可采用日光消毒、地膜覆盖等物理方式。生防制剂活性高、用量少，一般为化学农药用量的10%～20%，对环境污染少，采用生防制剂拌苗技术与土壤熏蒸技术配套使用，可在一定程度上控制根腐病发生，提高三七产量。土壤经过处理后灭杀了有益菌，需及时补施生物菌肥，菌肥不仅能提供作物所需的各种营养物质，而且可以增加有益菌并靠其繁衍活化土壤，具有改良土壤的作用，同时也可解决土壤农药残留等问题。

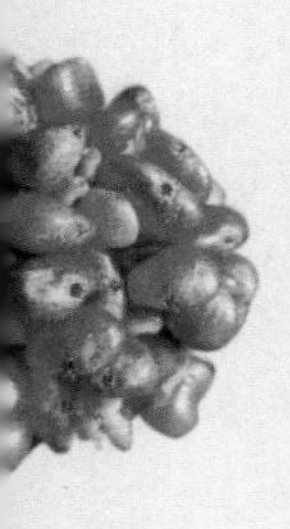

土壤消毒包括电消毒、热消毒和药剂消毒。张媛等在三七采收结束后立即清除畦内植株残体及畦面覆盖物，并施入粉碎的菜籽粕每亩9000～13 500kg，通过中耕将饼粕均匀翻入畦内土壤中，在畦面灌足水，使其达到饱和状态；为防空气进入，需在畦面覆盖完整的塑料薄膜直至11月揭去，并进行土壤翻耕，12月进行三七栽种。此方法明显提高了三七的出苗率，增加了三七的农艺性状及生物量，并大大降低了三七植株病虫害的发病率，使三七产量及品质大幅度增加。

何霞红等通过蒸汽锅炉高温蒸汽输入，合理布置一些蒸汽管道，采用可移动蒸汽金属管架对三七种植土壤进行高温消毒，以达到消灭土壤有害病菌的效果，此法可显著减少三七病虫害的发生及农药的使用，从而解决三七连作障碍的问题，使三七的品质及产量得以保证。

肖慧等对比了不同的土壤改良剂、微量元素、不同土壤消毒方式以及不同生物制剂对连作三七的生长发育、产量及病虫害的影响，结果发现不同的实验处理方法对三七病虫害、土壤pH及有机质含量均有显著影响。可通过施用草木灰配合复合微生物菌肥调节pH、改善土壤环境、增加作物营养，提高植株抗病能力，从而缓解三七连作障碍，保障三七的经济效益。

土传病害是当前三七生产的重要病害，土壤消毒处理是防治土传病害的有效措施。氯化苦作为粮食、药材的熏蒸杀菌剂，在土壤熏蒸消毒处理中具有较好的效果。氯化苦（chloropicrin），化学名称为三氯硝基甲烷，是硝基甲烷类熏蒸杀虫剂的一种，具有杀虫和杀菌作用，抑制和杀死真菌、线虫等靶标生物，并对杂草有很好的根除作用，广泛用于熏蒸土地。根据联合国《蒙特利尔议定书哥本哈根修正案》规定，自2015年，溴甲烷在世界范围内被禁用，国家农业部、环保部和中国农业科学院决定用氯化苦代替溴甲烷作为土壤杀菌的重要熏蒸剂。

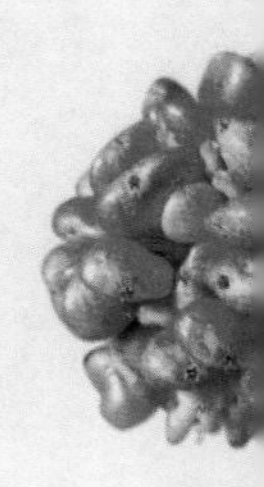

1. 氯化苦消毒对老七地土壤微生物群落结构的影响

氯化苦消毒对土壤中细菌和真菌的杀灭作用显著（图3-8）。对真菌群落结构进行分析发现氯化苦消毒对土壤中真菌的杀灭作用尤为显著，杀灭率达到94%，真菌总数急剧下降。结合菌门、担子菌门的比例减少明显，整体真菌数量的减少对降低三七根腐病的发病率有利。同样，通过氯化苦消毒，对细菌的杀灭率也可达95%，细菌总数急剧下降。土壤消毒导致非芽孢菌大量死亡，芽孢菌显著上升，这对改良土壤的细菌群落结构有利，能够大大减缓三七的连作障碍。

a　　　　b　　　　c

图3-8　土壤消毒

a.土壤消毒地块　b.土壤消毒后轮作地块　c.土壤未消毒轮作地块

2. 氯化苦消毒对三七连作土壤养分的影响

无论是二年生还是三年生三七土壤经氯化苦熏蒸后，三七连作土壤pH、交换性酸、阳离子交换量、有机质、全氮、全磷、全钾等理化性质与空白无显著差异，其中二年生和三年生处理三七连作土壤全氮分别比对照低14.63%和8.54%；连作土壤全磷分别比对照低25.00%和31.46%（表3-9），其营养元素的微量降低可通过少量施肥弥补。因此，氯化苦消毒对土壤理化性质没有显著影响，不会对土壤形成危害。

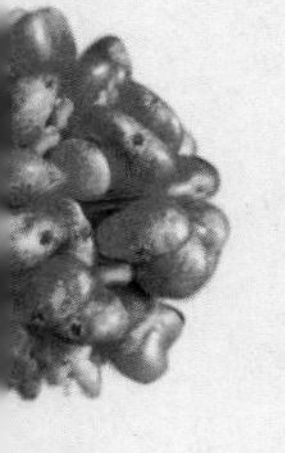

表3-9　氯化苦熏蒸对三七连作土壤理化性质的影响

项目	二年生空白	二年生处理	三年生空白	三年生处理
pH	6.20	6.28	6.32	6.05
交换性酸	1.82	0.82	1.71	1.05
石灰需要量	1262	1482	1247	1445
阳离子交换量	2.93	3.23	2.81	3.23
有机质（g/kg）	8.20	9.52	6.25	9.46

续表

项目	二年生空白	二年生处理	三年生空白	三年生处理
全氮（g/kg）	0.82	0.70	0.82	0.75
碱解氮（mg/kg）	85.68	70.81	85.68	77.35
全磷（g/kg）	0.80	0.60	0.89	0.61
有效磷（mg/kg）	58.31	31.48	66.71	32.21
全钾（g/kg）	11.30	10.60	12.25	11.86
速效钾（mg/kg）	176.5	291.5	184.5	287.5

3. 氯化苦消毒对连作三七存苗率及农艺性状影响

当三七出苗整齐后，在3～12月期间，每月统计各处理下的三七存苗数，并分析三七的农艺性状。结果表明经氯化苦消毒后土壤中种植的三七，存苗率显著提高，二年生三七的存苗率能够达到80%（图3-9）。未经氯化苦消毒的

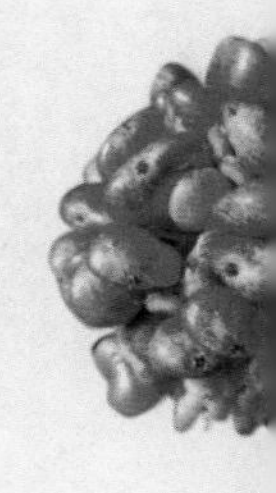

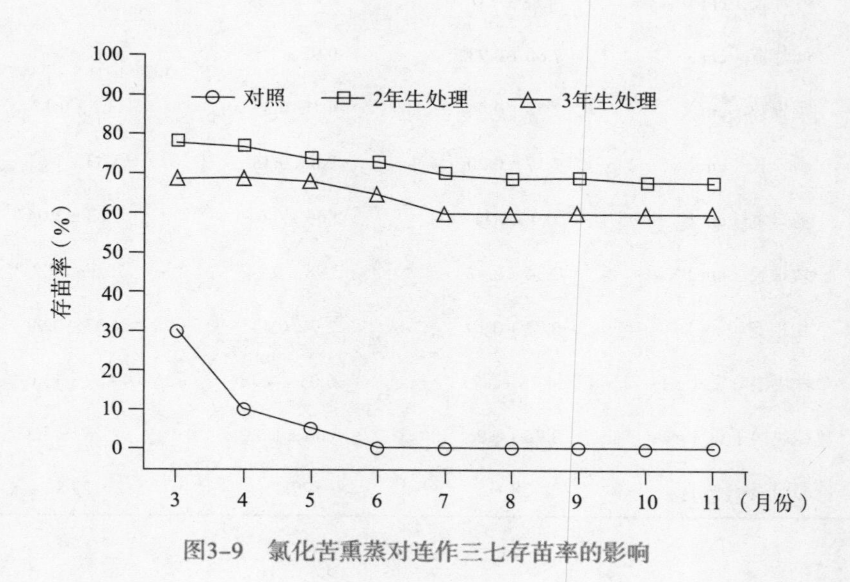

图3-9　氯化苦熏蒸对连作三七存苗率的影响

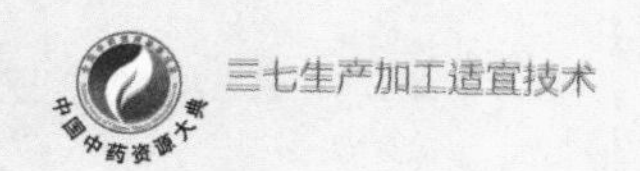

土壤种植三七在出苗初期存苗率仅为60%左右，随时间的延长，存苗率急剧下降，至7月接近0。

氯化苦熏蒸促进了三七株高、叶片长宽、剪口长宽、块根长宽、须根数、三七单株块根鲜重及折干率等的增长。二年生及三年生处理连作三七单株块根鲜重分别比对照高83.83%和252.19%，单株块根干重分别比对照高111.11%和447.73%。结果表明氯化苦土壤消毒不但没有对三七的性状造成不利影响，反而因为对土壤中致病菌群的杀灭作用，促进了连作三七的生长（表3-10）。

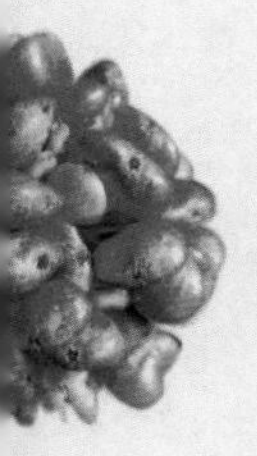

表3-10　氯化苦熏蒸对连作三七农艺性状的影响

项目	对照（二年生）	二年生处理	三年生处理
株高（cm）	14.8 ± 3.4	17.72 ± 2.94	28.6 ± 3.08
叶片长（cm）	4.88 ± 1.0	7.56 ± 0.68	8.53 ± 0.95
叶片宽（cm）	7.00 ± 0.93	9.92 ± 1.7	8.47 ± 0.78
须根数（cm）	2.78 ± 0.44	4.1 ± 0.39	3.2 ± 0.17
剪口长（cm）	1.17 ± 0.20	2.6 ± 0.38	5.33 ± 1.61
剪口宽（cm）	0.4 ± 0.11	2.66 ± 0.61	3.83 ± 1.04
块根长（cm）	2.34 ± 0.42	3.98 ± 0.94	3.5 ± 0.87
块根宽（cm）	0.92 ± 0.19	2.9 ± 0.44	4.33 ± 0.99
单株块根鲜重（g）	14.16 ± 3.77	26.03 ± 4.78	49.87 ± 13.09
单株块根干重（g）	3.96 ± 1.05	8.36 ± 1.43	21.69 ± 5.3
折干率（%）	28.1	27.4	29.3

4. 土壤中氯化苦残留

氯化苦在土壤中的残留极微量，二年生处理和三年生处理的三七连作土壤中的残留量分别为0.53μg/kg和0.38μg/kg。氯化苦在三七地上部分及地下部分均没有残留（表3-11）。

表3-11　氯化苦熏蒸对连作三七土壤及植物氯化苦残留量的影响（μg/kg）

项目	对照	二年生处理	三年生处理
土壤	0.11	0.53	0.38
三七地上部分	—	—	—
三七地下部分	—	—	—

氯化苦消毒土壤种植的三七有效成分含量无显著变化（表3-12）。二年生处理和三年生处理的三七素分别是对照的1.06倍和2.00倍；皂苷总和分别是对照的0.97倍和1.36倍。

表3-12　氯化苦熏蒸对连作三七活性成分含量的影响（%）

项目	对照	二年生处理	三年生处理
三七素	0.33 ± 0b	0.35 ± 0.03b	0.66 ± 0.01a
三七皂苷R_1	0.51 ± 0.03ab	0.41 ± 0.08b	0.62 ± 0.04a
人参皂苷Rg_1	1.84 ± 0.02b	1.79 ± 0.08b	2.58 ± 0.03a
人参皂苷Re	0.25 ± 0.06b	0.17 ± 0.03c	0.33 ± 0.01a
人参皂苷Rb_1	1.39 ± 0.01b	1.30 ± 0.04b	2.00 ± 0.05a

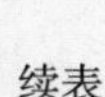

续表

项目	对照	二年生处理	三年生处理
人参皂苷Rd	0.52 ± 0.03b	0.68 ± 0.07a	0.59 ± 0.04ab
皂苷总和	4.50 ± 0.09b	4.36 ± 0.16b	6.12 ± 0.16a

注：每行不同小写字母表示在0.05水平达到显著差异。

综上所述，氯化苦能够快速杀灭土壤中细菌和真菌，其杀灭率可达94%，大幅度降低致病菌对三七的危害，非芽孢菌的大量死亡和芽孢菌比例的上升对改良土壤的细菌群落结构是有利的，减缓三七连作障碍造成的不利影响。其次，土壤经过氯化苦消毒后轮作的三七能够保持较高的存苗率，且氯化苦在土壤中的残留极微量，不会对土壤活性造成影响。三七中没有氯化苦残留，三七活性成分含量和对照相比，没有显著变化。

五、三七采收与产地加工技术

三七的种植技术保障了三七药材产量和品质在田间的形成。而药材品质受多种因素影响，适宜的时间采收和产地加工技术对药材品质也具有较大影响。甚至会造成栽培过程中的成果前功尽弃。因此，本节对三七的采收与产地加工作以详细介绍。

（一）采收时间

三七的主要药用部位是根，分“春七”和“冬七”。“春七”，不留种，即于开花前摘除花蕾，并未结籽的三七，其最佳采挖时间为10～11月，此时三七皂苷含量增加，且产量达到最大值。“冬七”，留种，即于开花结籽后采挖的三七，最佳采挖时间为12月至翌年2月。

（二）采收方式

1. 人工采收

春七和冬七的采收方法相同。采收时，用镰刀或剪刀等收割器具在距剪口1～2cm处剪断茎秆。采收时从厢的一端开始，按顺序收挖。从一边连根须挖起（撬起），挖出的三七放置厢面，由收取人边检查边抖去泥土，装入竹箩或者麻袋运回初加工场地。

三七茎叶的采收应在采挖三七时进行。即不留种养籽的三七茎叶在9～12月采收，留种养籽的三七茎叶在12月至次年2月采收。采收应在晴天进行。三七茎叶采收前15天停止使用农药，以避免农药残留。选择健康的三七茎叶，用镰刀或剪刀等收割器具在距剪口1～2cm处剪断茎秆。对于机械采收的应在采收前先拆除荫棚，以便机械作业。采收的三七茎叶应整齐码放或扎成把堆放。堆放处应预先垫上塑料薄膜或其他铺垫物，避免直接堆放在地上。不能立刻加工的三七茎叶，应堆在阴凉处，避免阳光直接照晒，以保持茎叶本来颜色。

三七花的采收应在7月中旬进行，以未开放时采收的花蕾质量最好。选择晴天采摘。采花前15天应停止使用农药。在距花蕾3～5cm处，用剪刀剪摘或者直接用手将花蕾摘除，盛于洁净容器中运往园外。三七花采收时根据三七生长年限，按二年生三七花、三年及三年生以上三七花分批采收、分批运输、分批加工。

2. 机械化采收

在三七产业发展过程中，随着三七种植面积的不断扩大，传统的三七采收需要花费大量的人力财力，若用三七采收机代替手工劳动进行采收则可大大提高劳动生产效率，并有效保证收割质量。崔秀明团队在经过多次试验及改造后已开发出三七采收机。该机型收净率高达95%，作业效率为每小时0.4hm^2，作业幅宽为1.7m，收获损失率低，并且伤根茎率小于1%（图3-10）。大力推广

图3-10　采收机样机

三七机械化收获对推动三七农业发展、巩固和加强三七农业的基础地位、保护和调动七农的积极性具有深远的意义。

（三）产地加工

1. 根部产地加工

三七产地加工必须有专门的加工场地，加工场地必须洁净卫生，并铺设混凝土地面；加工场地周围不得有污染源。参与三七加工的工作人员，必须通过卫生检查，持有健康合格证方可上岗。患有传染病、皮肤病或外伤性疾病的人员不得从事三七加工。加工人员必须穿工作服，佩戴工作帽及口罩，熟练掌握加工工艺流程。加工必须按工艺流程完成作业。三七的清洗需要配备高压水枪或清洗机械，干燥需配备烤房或烤箱。

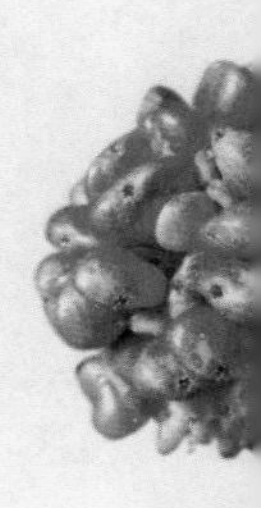

三七采挖后，将病七、采挖时受损伤的三七、三七茎叶、厢草及杂质拣出，选出优质三七。病七、采挖时受损的三七、优质三七应分开盛装、分开加工。拣选场地和工具应保持清洁、干净。将拣选好的三七用饮用水清洗，清洗方式包括手工清洗、高压水枪或清洗机等。三七在水中的清洗时间不能超过15分钟，超声波清洗条件下时间不超过10分钟。对于使用三七专用清洗剂的，在清水中清洗5分钟后，再用清洗剂清洗10分钟，清洗剂按照1：1000～1：1500比例配制。清洗后三七表面及沟缝处应无细沙等杂质。清洗场地应洁净。三七清洗后，待表面水分散尽后，用剪刀依次去除剪口、直径5mm以下毛根、主根上筋条。修剪时刀口应高于主根表面4～6mm，对于质地不同三七，刀口高度以干燥后刀口与三七主根表面平齐为宜。将三七剪口、主根、筋条和毛根分别在低于50℃工作环境下晒干或烘干至含水量低于13%。对于晾晒干燥三七，干燥过程中应勤翻晒，防止受热不均或霉变（图3-11）。

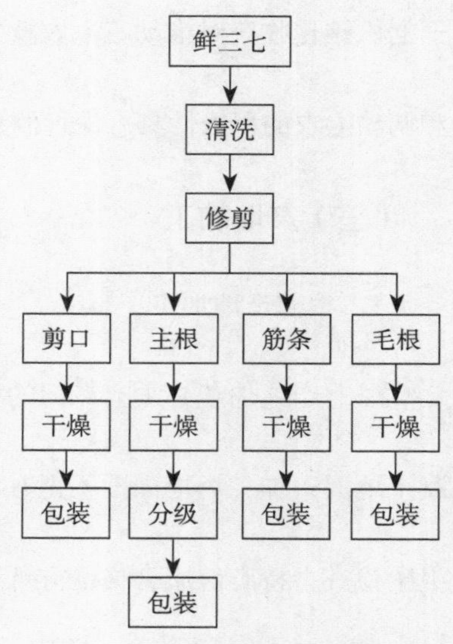

图3-11　三七产地加工流程图

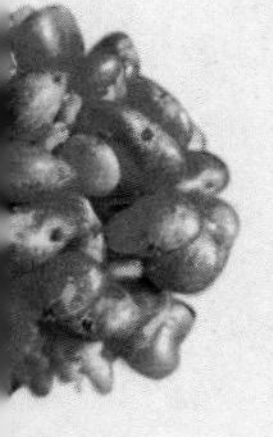

三七主根需进行分级处理，按个头大小进行分类，再按规格、感观和等级进行分级。以头/500克划分为：20头、30头、40头、60头、80头、120头、无数头等。除主根外，其余部位均无需进行分级处理，可直接放入专门的仓库保管。最后，将检验合格的产品按不同商品规格分级包装。在包装物上应注明产地、品名、等级、净重、毛重、生产者、生产日期及批号等。

干燥方法对三七主根质量的影响较大。传统三七药材干燥常以日晒为主，三七采收后未经清洗，直接晒干或燃煤烘干，干燥完成后再对三七药材进行打磨处理。干燥过程中，用皮套捏紧剪剩的支根，根内土粒及附带的农药残留或重金属等杂物极易混入；现代打磨工艺与传统打磨工序不同，药材外观和品质差异明显。传统干燥方法有其合理性，但由于其干燥时间长，占地面积大，易受自然条件影响，易被煤炭、蝇虫鼠蚁、汽车尾气等二次污染，缺乏规范的工艺规程，严重制约了三七药材的品质及三七产业稳定发展。因此，引进新的干燥加工技术对保障三七药材的品质意义重大。

为了解决三七传统加工方法中周期长、效率低、品质下降等问题，近年来许多学者采用现代加工技术对三七加工干燥方法进行了大量的研究，分别表明冷冻干燥、太阳能大棚干燥、热风循环干燥等三七合适的加工干燥方法。但是这些干燥方法并没有被广泛应用，且大多研究仅以皂苷含量高低为唯一指标评价干燥方法的优劣。本节介绍不同干燥条件（冷冻干燥、阴干、晒干、40℃烘干、50℃烘干、60℃烘干）对三七主根外观性状、灰分及醇提物含量、糖类成分含量、淀粉含量、三七素、总黄酮和皂苷含量等影响，以期为指导三七产地加工中的干燥方法提供技术参考，最大限度地保障三七药材的品质。具体干燥工艺见表3-13。

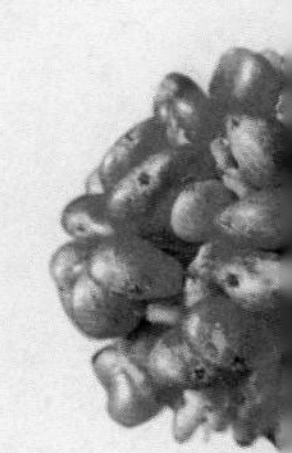

表3-13 不同干燥方法的工艺流程

处理	工艺流程
冷冻干燥	取洗净的鲜三七主根，直接置于真空冷冻干燥机中，-20℃条件下冷冻干燥至恒量，取出
阴干	取洗净的鲜三七主根，放带孔的塑料方篮中，架放于通风的室内，阴干至恒重。室内温度为12～18℃，空气湿度25%～45%
晒干	取洗净的鲜三七主根，平铺放在竹制圆形簸箕中，于早上9:00放于阳光充足地方晾晒，中午翻动一次，下午18:00收于室内，如此连续，晒至恒重。日晒时天气晴朗，正午温度20～26℃，晚上室内12～18℃，空气湿度25%～45%，微风

续表

处理	工艺流程
40℃烘干	取洗净的鲜三七主根，放带孔的塑料方篮中，置于不锈钢内胆的鼓风干燥箱中，在40、50、60℃热风条件下干燥至恒重。鼓风干燥箱功率1240W，容积105L，烘箱为水平强迫对流鼓风
50℃烘干	
60℃烘干	

（1）不同干燥方式下三七主根脱水及复水规律　随着阴干、晒干、40℃烘干、50℃烘干和60℃烘干处理的变化，三七主根含水率达到安全水平所需干燥时间逐渐减少，其中阴干和晒干处理达到安全含水率所需时间长达508小时，不同温度烘干处理三七达到安全含水率分别需要100、88、65小时。结果表明，在整个干燥加工过程中，三七主根干燥速率随阴干、晒干、40℃烘干、50℃烘干和60℃烘干处理的变化而升高。整个干燥阶段都为降速干燥阶段，几乎不存在恒速阶段，且在干燥的开始阶段，各干燥方法处理下三七主根的干燥速率均快速下降，且随着60℃烘干、50℃烘干、40℃烘干、晒干和阴干处理方法的变化，其下降幅度逐渐减小。在干燥后期，不同干燥方法处理三七的干燥速率相近。三七主根复水规律：三七主根达到复水平衡期所需时间从多到少依次为晒干、阴干、40℃烘干、冷冻干燥、50℃和60℃烘干。复水开始时，三七复水速率为60℃烘干≥50℃烘干＞冷冻干燥≥40℃烘干＞阴干＞晒干。

（2）不同干燥方式下三七主根外观形态　冷冻干燥技术能够最大限度的保持鲜三七药材的原有性状，表面呈黄白色，气味较浓，苦味明显；内部质地泡

松多孔，易折断和粉碎；断面为淡黄色或黄绿色，无光泽，菊花心消失。阴干和晒干三七外观差异较小，表面呈灰褐色或灰黄色，轻微皱缩；气微，有茶香气，味苦回甜；内部质地坚实，难折断、难粉碎，击碎后木质部与皮部连接紧密；断面颜色为灰绿色或黄绿色，有光泽，皮部有细小的棕色树脂道斑点，芯部均为放射状纹理，与传统中药典籍中描述的三七药材性状相符。而烘干处理三七表面呈灰黄色或灰褐色，也会因糖状物质流出而呈黑棕色，外皮皱缩严重；气微，味苦回甜，高温烘烤三七有焦糖香气；内部质地不坚实，常有较大裂缝、木质部与韧皮部分离，高温烘烤处理甚至会出现空心等现象，较难折断，粉碎时较晒干和阴干处理容易；断面呈绿色或黄绿色，如果烘烤温度过高也会呈现出红棕色或黑棕色，有光泽，菊花心不明显或消失。

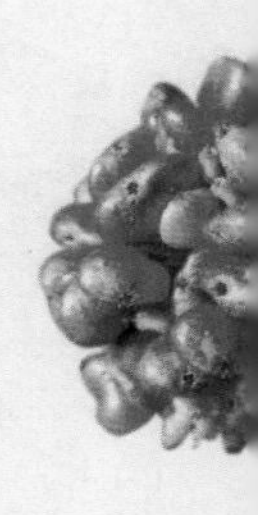

（3）三七主根灰分和醇提物含量　经不同干燥方式处理后，三七主根总灰分含量为冷冻干燥＞阴干＞40℃烘干＞50℃烘干＞60℃烘干＞晒干，且冷冻干燥处理三七主根与其余处理组间存在显著差异（表3-14）。不同处理组间酸不溶性灰分含量差异均未达到显著水平，且均以冷冻干燥处理和60℃烘干处理含量最高，为0.19%，阴干处理三七主根含量最低，为0.13%。阴干处理三七主根醇提物含量最高，为25.75%，晒干处理、冷冻干燥处理分别降低了22.91%和23.77%；而不同烘烤温度处理三七主根醇提物含量最低，随温度升高醇提物含量呈降低趋势，且各处理组三七主根醇提物含量差异均达到显著性水平。

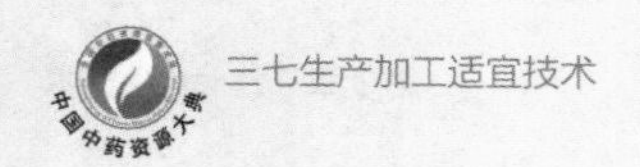

表3-14 不同干燥方法三七主根灰分和醇提物含量（%）

处理	总灰分	酸不溶性灰分	醇提物
A	3.34 ± 0.23a	0.19 ± 0.00a	19.63 ± 0.10c
B	3.32 ± 0.06bc	0.13 ± 0.02b	25.75 ± 0.11a
C	3.00 ± 0.14c	0.19 ± 0.03a	19.85 ± 0.21b
D_1	3.31 ± 0.01bc	0.16 ± 0.05ab	19.41 ± 0.43d
D_2	3.27 ± 0.17b	0.16 ± 0.02ab	19.36 ± 0.42d
D_3	3.03 ± 0.06c	0.19 ± 0.06a	19.12 ± 0.13e

注：A冻干，B阴干，C晒干，$D_1$40℃烘干，$D_2$50℃烘干，$D_3$60℃烘干

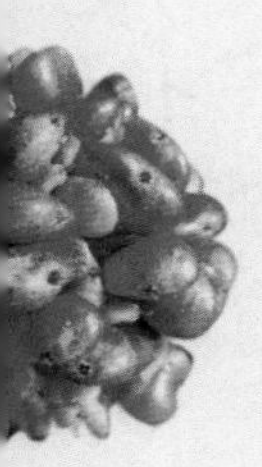

（4）三七主根糖类成分含量　不同干燥方式处理间还原糖含量为50℃烘干≥冷冻干燥＞晒干＞60℃烘干＞40℃烘干＞阴干，且各处理组含量差异均达到显著差异。总糖含量差异也较显著，其中40℃烘干和50℃烘干三七总糖含量最高，分别为57.51%和60.61%；阴干和60℃烘干处理含量次之，分别为47.43%和46.58%；冷冻干燥和晒干处理三七总糖含量最低，为44.73%和43.90%，随烘干温度的升高，还原糖和总糖含量均表现为先增加后降低的趋势（表3-15）。

表3-15 不同干燥方法商品三七主根糖类成分含量（%）

处理	还原性糖	总糖
A	11.02 ± 0.37a	44.73 ± 0.01e
B	6.66 ± 0.12e	47.43 ± 0.01c
C	6.92 ± 0.03d	43.90 ± 0.01f
D_1	8.98 ± 0.30c	57.51 ± 0.45b
D_2	11.02 ± 0.26a	60.61 ± 0.13a
D_3	10.03 ± 0.52b	46.58 ± 0.01d

注：A冻干，B阴干，C晒干，$D_1$40℃烘干，$D_2$50℃烘干，$D_3$60℃烘干

（5）三七主根淀粉含量　表3-16数据表明，冷冻干燥处理三七中直链淀粉累积量显著高于其余处理，为12.68%。随着阴干、晒干及烘烤温度升高的变化，直链淀粉含量依次减少。不同干燥方法处理组间支链淀粉含量则为阴干＞晒干＞40℃烘干＞冷冻干燥＞50℃烘干＞60℃烘干，且各处理组间差异显著。不同干燥方法处理组间总淀粉含量高低规律与前两种淀粉规律不一致，其中阴干三七总淀粉含量最大，且随着冷冻干燥、晒干、40℃烘干、50℃烘干、60℃烘干干燥方式的变化，含量分别降低了8.15%、8.66%、8.64%、21.31%和38.68%。不同干燥方法所得三七商品中支链淀粉和直链淀粉占总淀粉的比例变化较大，且支链淀粉＞直链淀粉。

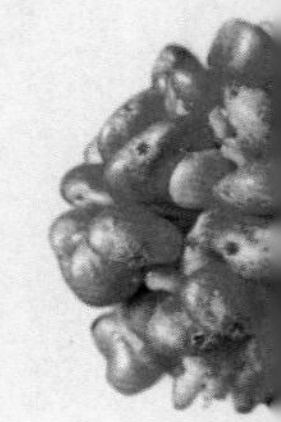

表3-16　不同干燥方法商品三七主根淀粉成分含量

处理	直链淀粉（%）	支链淀粉（%）	总淀粉（%）	直：支：总
A	12.68 ± 0.01a	25.17 ± 0.01d	37.85 ± 0.02b	0.34：0.66：1
B	11.50 ± 4.06b	29.71 ± 2.32a	41.21 ± 1.38a	0.28：0.72：1
C	11.41 ± 6.21bc	26.23 ± 1.81c	37.64 ± 1.01b	0.30：0.70：1
D_1	11.19 ± 6.71c	26.46 ± 1.62b	37.65 ± 1.30b	0.30：0.70：1
D_2	10.81 ± 0.06d	21.62 ± 3.80e	32.43 ± 3.74c	0.33：0.67：1
D_3	10.71 ± 1.35d	14.56 ± 1.03f	25.27 ± 2.38d	0.42：0.58：1

注：A冻干，B阴干，C晒干，$D_1$40℃烘干，$D_2$50℃烘干，$D_3$60℃烘干

（6）三七主根三七素和总黄酮含量　表3-17表明，三七素含量为冷冻干燥处理最高，含量达到0.80%，阴干及晒干处理含量次之，分别为0.65%和0.53%，

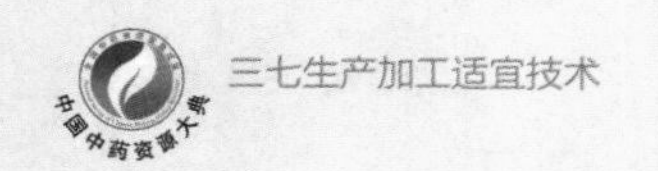

烘干含量最低，且随烘干温度的升高，三七素含量呈降低趋势。不同干燥条件下总黄酮含量为冷冻干燥＞晒干≥阴干≥40℃烘干＞50℃烘干＞60℃烘干，但各处理组间含量差异未达到显著水平。

表3-17　不同干燥方法商品三七主根三七素和总黄酮含量（%）

处理	三七素	总黄酮
A	0.80 ± 0.02a	0.08 ± 0.00a
B	0.65 ± 0.01b	0.06 ± 0.00ab
C	0.53 ± 0.02c	0.07 ± 0.00ab
D_1	0.42 ± 0.03d	0.07 ± 0.00ab
D_2	0.40 ± 0.02d	0.06 ± 0.00ab
D_3	0.31 ± 0.02e	0.05 ± 0.02b

注：A冻干，B阴干，C晒干，$D_1$40℃烘干，$D_2$50℃烘干，$D_3$60℃烘干

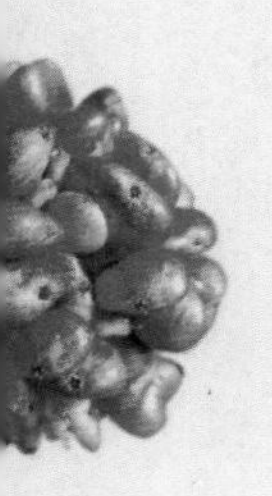

（7）三七主根皂苷含量　表3-18表明，冷冻干燥有利于R_1、Rb_1和Re皂苷成分的保留，且R_1+Rg_1+Rb_1三种皂苷含量最高，为9.23%，其他处理组中三种主要皂苷和含量高低顺序为阴干＞50℃烘干＞晒干＞40℃烘干＞60℃烘干，烘干温度的适当提高有利于R_1、Rb_1、Rd等皂苷成分的生成。不同处理组间R_1、Rg_1和Re含量差异较小，Rb_1和Rd含量差异较大，且在五种皂苷比例变化中R_1和Re变化较小，而Rb_1和Re变化较大。

表3-18　不同干燥方法商品三七主根皂苷成分含量

处理	皂苷含量（%）						R_1 : Rg_1 : Rb_1 : Re : Rd
	R_1	Rg_1	Rb_1	Re	Rd	R_1+Rg_1+Rb_1	
A	1.07 ± 0.02a	4.77 ± 0.08a	3.38 ± 0.01a	0.81 ± 0.01a	0.79 ± 0.00a	9.23 ± 0.07a	0.22 : 1 : 0.71 : 0.17 : 0.17
B	1.05 ± 0.03a	4.83 ± 0.14a	3.05 ± 0.00b	0.77 ± 0.12ab	0.70 ± 0.01ab	8.93 ± 0.10ab	0.22 : 1 : 0.63 : 0.16 : 0.14
C	0.98 ± 0.06a	5.00 ± 0.00a	2.61 ± 0.00c	0.76 ± 0.06ab	0.63 ± 0.10b	8.59 ± 0.06bc	0.20 : 1 : 0.52 : 0.15 : 0.13
D_1	0.98 ± 0.08a	4.71 ± 0.33a	2.69 ± 0.20c	0.72 ± 0.04bc	0.62 ± 0.08b	8.38 ± 0.05cd	0.21 : 1 : 0.57 : 0.15 : 0.13
D_2	1.00 ± 0.10a	4.66 ± 0.00a	2.98 ± 0.01b	0.76 ± 0.00ab	0.70 ± 0.00ab	8.65 ± 0.09bc	0.22 : 1 : 0.64 : 0.16 : 0.15
D_3	0.98 ± 0.27a	4.45 ± 0.46a	2.67 ± 0.09c	0.66 ± 0.03c	0.62 ± 0.00b	8.10 ± 0.29d	0.22 : 1 : 0.60 : 0.15 : 0.14

注：A冻干，B阴干，C晒干，$D_1$40℃烘干，$D_2$50℃烘干，$D_3$60℃烘干

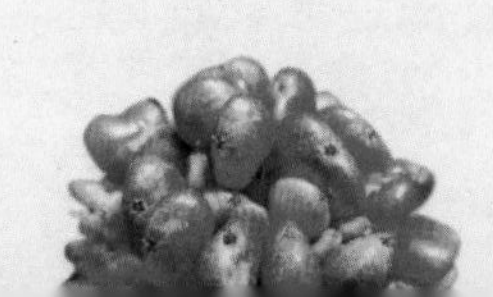

2. 茎叶花产地加工

三七茎叶花产地加工应达到食品加工的相关要求，具备清洗、干燥设备和加工车间、仓库、质检等设施。将三七茎叶置于网筐中，用流动的饮用水清洗15分钟，也可超声条件下清洗10分钟。清洗三七茎叶的水不能循环使用。清洗后，拣除病残叶及杂质。最后将三七茎叶整齐地扎成直径为10cm左右的小把。或将散叶置于干燥筐内。将扎成把的三七茎叶用绳子挂起晒干。对于烘干的三七叶，应先沥干水分，干燥温度50℃。干燥的三七茎叶含水量应低于14%。

与茎叶加工不同的是，三七花不需要先进行预处理，而是在采摘后直接将鲜三七花平铺在竹筛内（堆放厚度不超过2cm），直接用水喷淋洗涤，每千克三七花用水量应不低于8L。洗完后在竹筛内沥干水分，然后置于自来水冲洗洁净的混泥土地面上经阳光下晒至含水量30%～35%时，再放入60℃烘箱中烘烤20分钟，取出、晒至含水量小于14%（图3-12）。

图3-12　三七茎叶和花

最后还需对干燥后的三七茎、叶、花进行包装，所用包装物应清洁、干燥、无污染，内包装用新的聚乙烯塑料袋密封包装，外包装选择塑料编织或麻袋等适宜的包装物。茎叶以每袋10～25kg为规格包装，花以每袋100、250、500g规格包装，每箱10～20kg。包装物上应注明品名、标识、产地、等级、净含量、毛重、生产者、生产日期或批号、执行标准等。

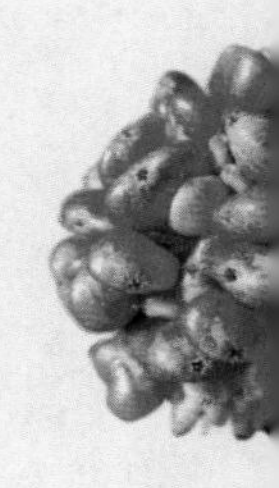

第4章

三七品种选育

三七作为人参属植物中的珍贵中药材，通过遗传改良育成的品种（即育种学意义上的品种）还很少。开展品种遗传改良，培育新品种已成为当今三七产业发展的迫切需求。但由于三七生态适应性差、地理分布窄、生长周期长、繁殖系数低、种子寿命短等原因，三七的遗传改良及品种选育的工作尚不完善。本章对目前三七的人工种植和培育历史及遗传改良现状，系统育种、杂交育种、倍性育种研究，以及三七的遗传背景研究和组织培养技术研究进展等作以介绍。

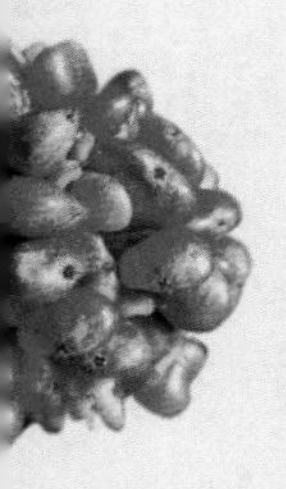

一、三七人工种植和培育历史及遗传改良现状

对三七进行品种遗传改良，培育新品种势在必行，也是云南省中医药产业发展的迫切需求，更是为三七实施GAP种植，生产高质量药材，为国内外三七需求提供原材料的保障。但是，由于三七对环境土壤等因素要求较高，区域分布较窄，生长周期较长等客观因素，导致了三七遗传育种改良还有很长的路要走，还有许多问题亟待解决。

（一）三七人工种植和培育历史

三七主要分布于我国西南部、越南北部及临近的一些地区，在广西、湖南、四川有零星种植，但主产于云南文山，其种植面积、产量均占全国98%以上。2003年11月，文山三七GAP基地首批通过了国家GAP认证，同年“文山三七证明商标”，被国家商标局批准公告。据考证，文山种植三七的历史至少在400年以上。4个世纪以来，文山人民首先完成了三七野生变家种的训化，在漫长栽培的历史过程中，通过人工选择和留种等措施，使三七逐步演变成基本性状相对整齐的人工栽培群体。从20世纪70年代开始，通过多次的人工系统整理和归类，文山三七已基本形成易于人工大面积栽培，出苗、开花、采收时期稳定，适应于10%～15%透光率人工荫棚栽培，产量比野生状态显著提高的地方栽培种。从农学角度来看，文山三七人工栽培群体可以说是一个“地方品种”。但三七是传统道地药材，不属于农作物，故没有列入“地方品种”目录。

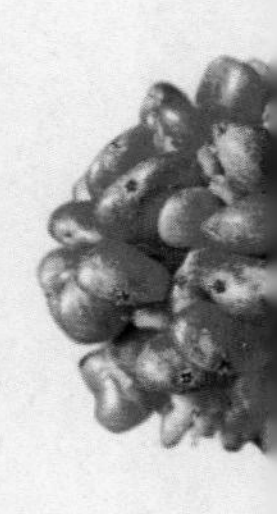

通过对历史文献和相关资料的分析研究，可以发现三七种植发展历史可分为3个阶段：古代三七种植阶段、近代三七种植阶段和现代三七种植阶段。

1. 古代三七种植阶段

这一阶段是指1840年以前的三七种植阶段，是文山三七传统种植技术的摸索阶段。三七起源于2500万年前，后来仅余存于滇东南一带。文山是最早引种栽培三七的地区。人们对三七的发现和引种经历了漫长的岁月。清代赵翼《檐曝杂记》中详细记载了三七的栽培方法，“有草名三七，有人采其籽，种于天保之陇峒、暮峒，亦伐木蔽之，不使见天日，以之治血亦有效，非陇、暮二峒不能种也”。此时期三七仅有零星种植，只有播种和收获过程，几乎没有管理环节。

2. 近代三七种植阶段

这一时期是初步形成传统种植技术体系的阶段。清代道光二十八年（1848年）的《开化府志》中三七被列入药属的第一种。同年，吴其濬撰著的《植物名实图考》中便有了三七的记载，“余在滇时，以书询广南守，答云，三茎七叶，畏日恶雨，土司利之，亦勤栽培，盖皆种生，非野卉也”。说明当时的人们就已经认识到了三七对光照和水分等生长环境条件要求严格的生物学特性。民国十二年（1923年）《文山县地志资料》载：“三七年产约五千斤。”民国二十一年（1932年）《马关县志》卷十《物产志》更有如下记载：“三七种植。非局外人所能知也。必种后三年始成药，七年乃完气，因之而得名。但种植之难非其他植物可比。病虫害繁多尚无防避方法，种三年而不受病者甚少，四五年者已不易见，七年者未见之也。”到民国末期，文山地区的三七仍只有文山、砚山、西畴、马关、广南的少数村寨种植，年均面积约20hm^2，年产量4000～5000kg。三七传统种植技术初步形成，但对病虫害防治技术缺乏，种植粗放，病虫害严重，产量低，三七的生产、管理和初加工等水平均较低，三七的消费市场也仅为中药铺零售和一般民用。

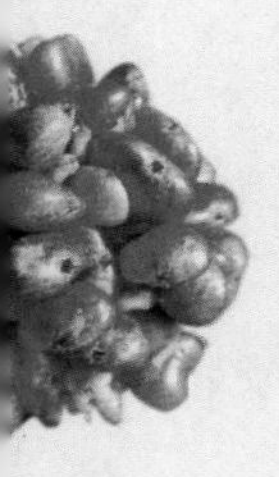

3. 现代三七种植阶段

1949年以来，文山三七种植得到了快速发展。现代文山三七发展经历了3个发展时期，具体划分如下。

第一，无序竞争时期。为20世纪50年代到20世纪80年代末，是农户对生产管理和化学农业的初步认识时期。在该时期人们逐步认识到，三七为人工栽培，需要人们的精心管理，同时也认识到了化学农药对农业生产上的病虫害防治有较明显的效果。该时期也随着三七的价值在国内外不断被广泛认识，三七的市场价值也逐步在价格上体现，此时三七农户也得到了最高的利润，一度达到了900%。从而出现了文山“工、农、商、学、兵”全民种三七的混乱局面，致使1988年三七产量远远高于市场需求量，三七价格突然暴跌，三七生产大大受到了影响。经过市场淘汰，剩下的多是种植经验丰富、资金较厚、素质较高的三七种植专业户，这就为文山三七的GAP基地建设奠定了良好的基础。

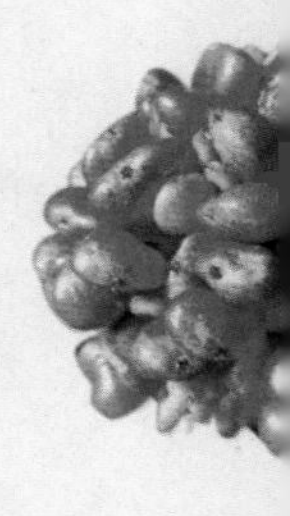

第二，市场规范时期。为20世纪90年代初到90年代末，这一时期是人们对三七的产值和价值认识比较关键的一个转换时期。由于1988年三七价格突然暴跌，致使广大三七农户对种植三七失去信心，或撂荒，或改种其他农作物，导致了1991年三七的供不应求，三七价格再次达到了较高的水准，平均价格到了300元/千克，促使农户又再次回到三七的生产上来，三七市场在中国市场经济的风浪中逐步成熟。所以初期三七种植面积和价格呈缓慢下降趋势。到了1995年，虽然三七已没有1988年以前和1991年的市场价格，但是仍能获得可观的利润，所以三七的产量依然保持相对稳定。这个时期人们的生活水平已经发生了质的变化，对三七的品质和安全性要求更高。但此时部分三七农户受利益的驱

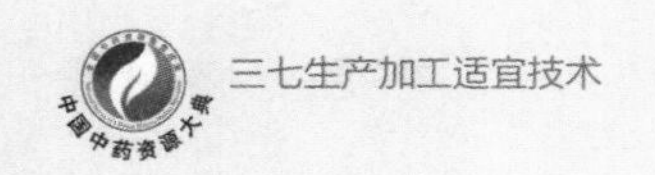

使，过量地使用农药和化学肥料来提高三七的产量，导致了三七的品质低劣，重金属含量和农药残留量超标。

第三，可持续发展时期。为20世纪90年代末以来，这一时期随着世界对传统医药产业的重新认识和我国中药现代化发展战略的实施，进入以“无公害三七”“有机三七”和“GAP三七”为代表的三七产业发展的黄金时期。1997年开始，文山开始出现了无公害三七，当时以中日合资企业为代表，以及意识和观念先进的农户开始种植无公害三七，一部分企业和种植大户生存下来并发展壮大起来。2000年以来，三七研究领域和企业提出三七GAP种植的发展要求，以文山三七研究院为技术依托，云南特安呐制药股份有限公司（以下简称特安呐药业）和云南白药苗乡三七有限公司开展三七GAP研究，并首批通过了国家GAP认证，三七规范化种植基地快速而稳定地发展起来，成为生产优质高效三七产品的“第一车间”。

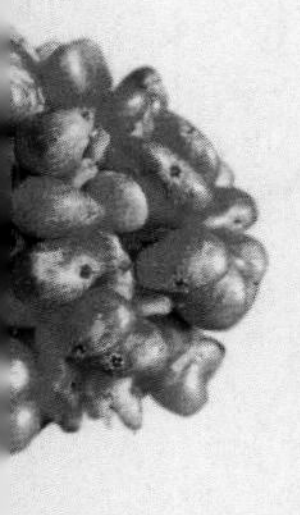

（二）三七培育遗传改良现状

在人参属植物中，只有人参、西洋参、三七已驯化成为人工栽培种，就品种选育而言，人参育种起步最早，1968年，日本率先育成人参新品种“御牧种”，其特点是根形美观，但产量偏低。最近，韩国育成了人参新品种“KG101”和其他系列新品种。据马小军等综述，近20多年来我国栽培人参的种植资源研究进展很大。通过形态鉴定和选择，共发现了十几个变异类型

（又称农家类型），并对典型农家类型的形态和组织解剖结构、农艺性状、染色体核型、化学成分、种植贮存方法、各产地的混合比例与产量的关系等方面都做了系统的研究与调查。现代分子生物技术的迅猛发展为人参种质资源的研究提供了快速而有效的途径，目前已建立了适合于人参植物的DNA分子标记技术体系，如RAPD、AFLP、PCR-RFLP、毛细管PCR-RAPD和rRNA基因片段序列分析等方法结合计算机程序分析，建立了人参不同种质的遗传特性及种质间遗传关系的量化指标，为人参的栽培、育种和资源保护提供了新依据。在品种选育上，我国经过多年努力，已育成“吉参1号”“边条1号”和“黄果人参”品种，在远缘杂交（人参×西洋参）及倍性育种上也作了技术探讨。

西洋参的种质资源研究在北美也颇受重视，但品种选育刚起步，还没有品种育成。然而，西洋参的分子标记、基因分离、遗传转化体系建立和转基因技术等研究均走在前列。三七的种质资源研究和育种工作起步较晚。云南文山三七研究院于1987年建立了人参属植物的种质资源圃，收集了屏边三七、姜状三七、竹节参、人参、西洋参、峨嵋三七、狭叶竹节参等三七近缘种，发现三七栽培群体中存在典型的变异类型。1990年开始，文山州三七研究院以块根、株高、叶宽、茎粗等性状系统选优，得到了5个品系，于1996年进入品系比较试验。2003年新品系SQ-90-1被命名为“文七1号”，向云南省申报了品种名称登记，并通过了专家论证。为了加强三七的种质资源和遗传育种研究的基础工作，2001年文山三七研究院向国家科技部申报了国家“十五”科技攻关项目“云南重要现代化科技产业基地关键技术研究”，获得了资助并在三七的品种选育和病害防治等关键技术方面进行研究。目前，在人参属植物的种质采集和资源圃建设、三七组织培育体系建立、种质资源鉴定和评价、三七群体的遗传背景的细胞遗传学和分子生物学特征、抗病性鉴定、杂交育种体系和人工繁育体系等方面均开展了研究。

（三）改良研究策略

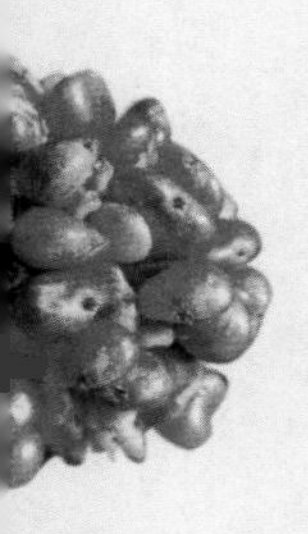

（1）加强三七种质资源的基础研究　种质资源是植物遗传改良的基础。纵观植物遗传育种发展史，具有特异基因种质的发掘和利用，不但促进了优良品种培育，而且给农业生产和社会带来了巨大的影响。例如，20世纪60年代禾谷类植物的矮化基因的发现和利用，导致了矮化育种的发展，培育了半矮秆、耐肥、抗倒的高产水稻和小麦新品种，出现了农业上的“第一次绿色革命”。另外，利用甘蔗野生种割手密（*Saccharum spontaneum* L.）的甘蔗高贵化育种；通过植物雄性不育基因的杂种优势进行育种等，均产生过巨大的影响。因此，加强种质资源的基础研究是开展三七育种最基本的环节。

（2）扩大种质资源库　一是以文山三七自然群体为对象，进一步收集和保育各种变异类型。二是在云南和周边地区进行考察和搜集三七的野生近缘种以及引进其他栽培种，如人参（*P. ginseng*），西洋参（*P. quinquefolius*），疙瘩七（*P. bipinatifidus*），竹节参（*P. japonicus*），假人参（*P. pseudoginseng*），屏边三七（*P. stipuleanatus*），矮人参（*P. trifolius*），越南人参（*P. vietnamensis*），峨嵋三七（*P. wangianu*），姜状三七（*P. zingiberrensis*）和变种狭叶竹节参（*P. bipinnatfidus* var. *angustifilius*）等。三是建立田间种质资源圃和室内种子资源库，研究延长种子储存寿命的方法和田间保护种质的方法。充分保留人参属植物的遗传多样性。

（3）种质资源的整理和评价　对所有的种质材料进行系统的种质资源学整理、评价和研究，明确其在三七遗传育种、人参属系统演化及分类研究、生物技术开发等方面的利用价值，为保护和发掘我国中药材资源、加快三七产业的发展提供理论依据及技术支持，并力图筛选出优良变异类型。整理、评价和研究的主要内容如下：形态性状、生育期、开花习性、繁殖特点、种子学特征观察和花粉及叶片超微结构电镜观察；有效化学成分的分析测定；DNA分子多态性及分子指纹分析，包括RFLP、RAPD、AP-PCR、SSR、AFLP等分析和种间的rRNA基因片段序列分析比较；染色体核型和减数分裂染色体构型分析；主要病害的抗性鉴定，包括三七根腐病、黑斑病；建立描述和表征种质材料的文字、图像和数据的种质资源计算机数据信息库。

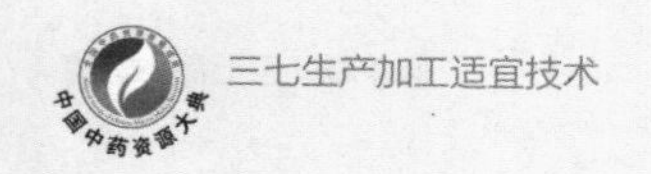

二、三七育种现状

（一）三七的系统育种研究

系统育种也可称之为选择育种，是根据育种目标，通过在现有的品种群体内，选择有益的变异个体，每个个体的后代形成一个系统（株系或穗系），通过试验比较鉴定，选优去劣，培育出新品种的一种方法。长时间缺乏系统选育会使得自然形成的农家品种、优异单株较为丰富，以此开展株系选育最为安全、有效，也较符合中药材的道地性。根据纯系理论，可以通过系统育种的方法来选育三七新品种，这是育种起步阶段必不可少的环节。具体方法程序如下（图4–1）。

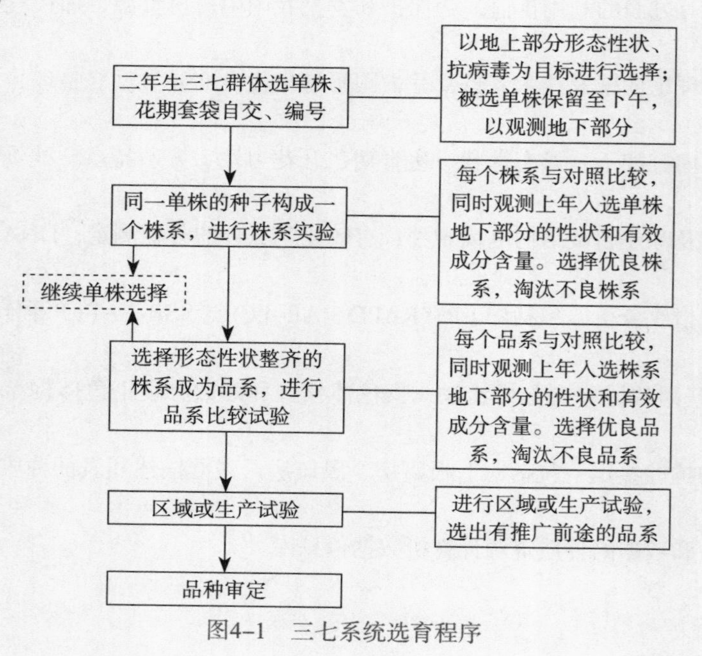

图4–1　三七系统选育程序

通过三七性状差异对三七产量和品质的比较，使得三七的系统选育不断展开。陈中坚等曾首次报道了绿茎、紫茎三七的分布比例及紫块根三七总皂苷含量较高的现象。赵昶灵等也证实了紫块根三七中总皂苷含量高的特性，并进一步对三七总皂苷与紫色素的花色苷含量的关系进行了深入的研究。此后，陈中坚做了进一步的相关分析，通过研究三七的株高、茎粗、复叶数、叶长、叶宽、叶面积及单株根重的关系，发现对三七单株根重影响最大的因素是叶面积。研究表明，三七的高产栽培应以提高叶面积为重点，育种要注重对叶面积、特别是对宽叶性状的选择。

在品质选择方面，陈中坚通过比较三七叶形、复叶数、复叶柄弯曲程度、茎秆颜色、茎数、根部颜色、根形对皂苷含量的影响，发现紫根、复叶柄平展型、长形根、宽叶等4种变异类型三七的皂苷含量高，双茎三七的皂苷量比单茎三七的低，三七的茎秆颜色和复叶数的多少与皂苷积累未表现出相关性。因此，该研究认为紫根三七、复叶柄平展型三七、长形根三七、宽叶三七这4种变异类型三七是优质三七品种选育的理想目标。通过这些研究成果可以看出，从三七的药用角度考虑，应对紫根三七及宽叶三七给予重视，适宜采用系统选育的方法逐代提纯。

（二）三七的杂交育种研究

杂交育种是通过人工杂交把两个或两个以上亲本的优良性状集合于一个新

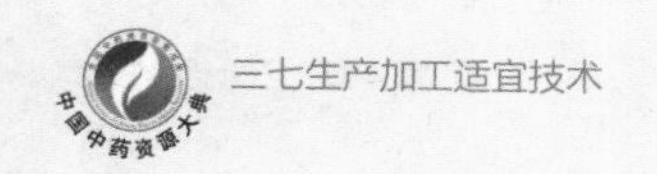

品种中的方法。根据杂交亲本的亲缘关系，杂交育种可以分为品种间杂交育种和远缘杂交育种两大类。品种间杂交是指同一物种内的不同品种间进行的杂交育种；远缘杂交育种是将植物分类学上不同种、属，甚至亲缘关系更远的科属间植物进行的杂交。目前，三七的遗传育种基础还比较薄弱，开展杂交育种的条件还不充分。

由于三七还没有一个真正的品种，因此难以开展品种间杂交育种，但开展不同变异类型间的杂交育种是十分有必要的，通过探索杂交育种的基本技术和规律，可为今后的工作打下基础。此外三七与人参属其他物种进行杂交存在一定的可能性，由此可开展三七远缘杂交。在云南和周边地区进行考察和搜集三七的野生近缘种，如人参（*P. ginseng*），西洋参（*P. quinquefolium*），屏边三七（*P. stipuleantus*），矮人参（*P. trifolius*），假人参（*P. pseudoginseng*），越南人参（*P. vietnam ensis*），竹节参（*P. japonicus*）等以及引进其他栽培种，由此可建立田间种质资源圃和室内种子资源库，充分保留人参属植物的遗传多样性。

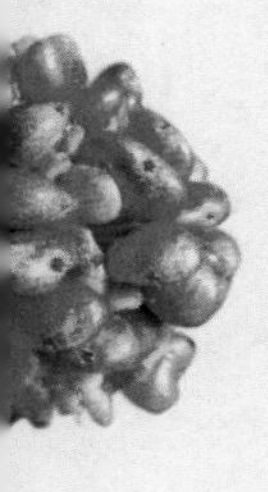

三七作为一种二倍体（2n=24）植物，与其杂交的近缘品种也应以二倍体物种为佳。如人参和西洋参都是四倍体（2n=48），假如它们与三七杂交，其子一代是三倍体，注定不育，只有通过无性繁殖保存。但若三倍体杂种拥有特殊的有效成分和药用功能，则可用此方法进行培育。

目前对于三七的杂交选育还仅局限于花的研究。孙玉琴等对文山州气候条件下栽培的三七开展调查，对三七开花、散粉规律进行研究，发现晴朗天气条件下，三七散粉的高峰期为10:00～14:00，此时间段是杂交育种的最佳授粉时间。在三七散粉后，花粉可在自然条件下8小时内保持较高活力，保证了有足够的时间在当日进行人工杂交（表4-1至表4-3）。在低温（4～20℃）条件下，可有效保持花粉活力，但保存时间不宜超过20天。若要进行近缘种杂交（如屏边三七、姜状三七等），则需要探索更适合的花粉保存方式。三七小花开放后其柱头的可授性可从第6天一直持续到第19天，可授性的高峰期一般出现在小花开放后的8～12天。

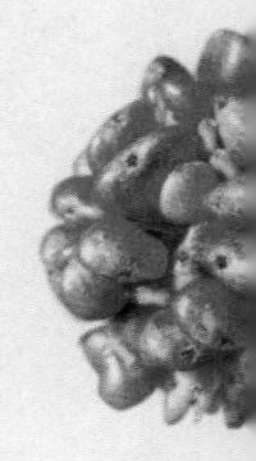

三七柱头外翻变白是具有可授性的关联性形态特征，此标志性特征可作为田间人工杂交的依据。并且三七从开花后第8天开始，柱头有持续5天的强可授性表现，在此期间，每天从11:00开始，一直持续到下午18:00都有强可授性，这对三七开展人工杂交授粉是非常有利的。

表4-1　自然状况下三七花粉活力变化（n=6）

散粉后时间（小时）	不同花序上花粉染色比例（%）						$x \pm s$
	花序1	花序2	花序3	花序4	花序5	花序6	
0	68.89	67.35	81.72	55.56	88.08	83.80	74.23 ± 12.36
2	87.65	77.44	87.53	75.54	91.01	63.90	80.51 ± 10.20

续表

散粉后时间（小时）	不同花序上花粉染色比例（%）						$x \pm s$
	花序1	花序2	花序3	花序4	花序5	花序6	
4	53.66	73.01	79.25	75.47	83.79	62.87	71.34 ± 11.15
6	68.47	74.26	74.56	60.29	72.99	60.27	68.47 ± 6.71
8	62.20	73.06	79.20	54.79	81.76	70.30	70.30 ± 10.24
10	54.90	70.27	66.86	63.38	72.32	58.76	64.42 ± 6.731
15	49.04	63.70	69.37	49.45	64.55	46.07	57.03 ± 9.95
20	36.36	56.20	40.65	41.10	25.26	32.00	39.43 ± 10.46
25	27.78	26.84	34.75	36.83	24.00	35.51	30.95 ± 5.39
30	27.41	26.62	31.66	21.82	27.19	19.85	25.76 ± 4.26

表4-2　不同贮藏条件下的三七花粉活力的变化（%）

测定日期（月-日）	二年生				三年生			
	保鲜条件（4℃）		冰冻条（-20℃）		保鲜条件（4℃）		冰冻条件（-20℃）	
	活力	衰减	活力	衰减	活力	衰减	活力	衰减
08-30	56.05	0	69.92	0	66.4	0	52.58	0
09-08	55.69	0.64	58.77	16	64.49	2.88	36.78	30.05
09-15	55.56	0.87	55.56	20.5	52.58	20.81	34.59	34.21
09-22	28.1	49.87	35.95	48.6	47.37	28.66	29.58	43.74
09-29	25.3	54.86	25.64	63.3	40.16	39.52	16.91	67.84
10-04	23.1	58.79	19.02	72.8	38.74	41.66	27.85	47.03
10-12	16.23	71.04	14.58	79.2	18.06	72.8	20.47	61.07
10-13	8.46	84.91	14.46	79.3	21.58	67.5	18.02	65.73
10-16	2.25	95.99	14.2	79.7	14.49	78.18	12.18	76.84
10-19	0	100	14.8	78.8	5.9	91.11	6.64	87.37

续表

测定日期（月-日）	二年生				三年生			
	保鲜条件（4℃）		冰冻条（-20℃）		保鲜条件（4℃）		冰冻条件（-20℃）	
	活力	衰减	活力	衰减	活力	衰减	活力	衰减
10-22	0	100	5.71	91.8	5.59	91.58	2.03	96.14
10-27	0	100	8.27	88.2	1.4	97.89	4.18	92.05
11-05	0	100	3.22	95.4	0	100	2.51	95.23
11-12	0	100	2.32	96.7	0	100	3.73	92.91
11-19	0	100	2.38	96.6	0	100	3.71	92.94

表4-3　三七开花后不同天数柱头的可授性（n=20）

小花开放后的天数（天）	柱头可授性	具可授性柱头占被测柱头的比例（%）	柱头外翻变白数	柱头外翻占被测柱头的比例（%）
0	–	0	0	0
1	–	0	0	0
2	–	0	0	0
3	–	0	0	0
4	–	0	0	0
5	–	0	0	0
6	+	40	8	40
7	++	60	12	60
8	++	95	19	95
9	++	90	20	100
10	++	90	20	100
11	++	85	20	100
12	++	95	20	100
13	++	80	20	100
14	++	75	20	100

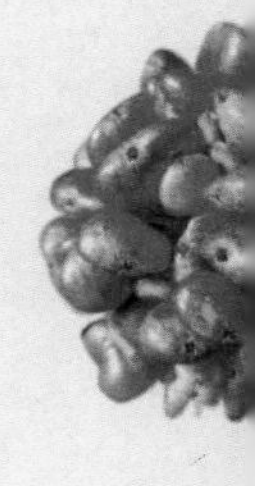

续表

小花开放后的天数（天）	柱头可授性	具可授性柱头占被测柱头的比例（%）	柱头外翻变白数	柱头外翻占被测柱头的比例（%）
15	++	75	20	100
16	++	65	20	100
17	++	55	20	100
18	++	50	20	100
19	+	30	20	100
20	−	0	20	100

注：“−”表示不具可授性；“+”表示具可授性；“++”表示具较强可授性

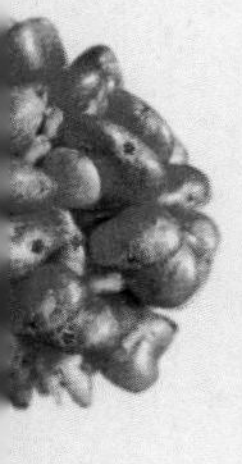

（三）三七的倍性育种研究

倍性育种即染色体工程育种是指在细胞水平上通过对染色体的操作，使植物增加整套染色体组，或增加一条或多条染色体，或使染色体的结构发生变异（包括缺失、插入、重复、倒位、易位等），导致基因组DNA发生变异，从而改变植株的农艺性状，最终目的是筛选得到优良变异植株。倍性育种包括单倍体育种、多倍体育种和非整倍体育种。系统选育及杂交选育等常规育种方法需要消耗大量时间，通常选育一个品系需要纯化4～5代，至少需要10年以上的时间才能完成。因此，倍性育种技术作为一种三七育种的辅助手段引起学者们的广泛关注。

三七做为一种二倍体（2n=24）植物，与四倍体的人参和西洋参是不同的。通过增加三七染色体倍性，可能会增加其有效成分含量。因此，开展三七多倍体育种十分具有可能性和可行性。其中，开展三七三倍体育种和种子生产比较可行，其具体程序如下（图4–2）。

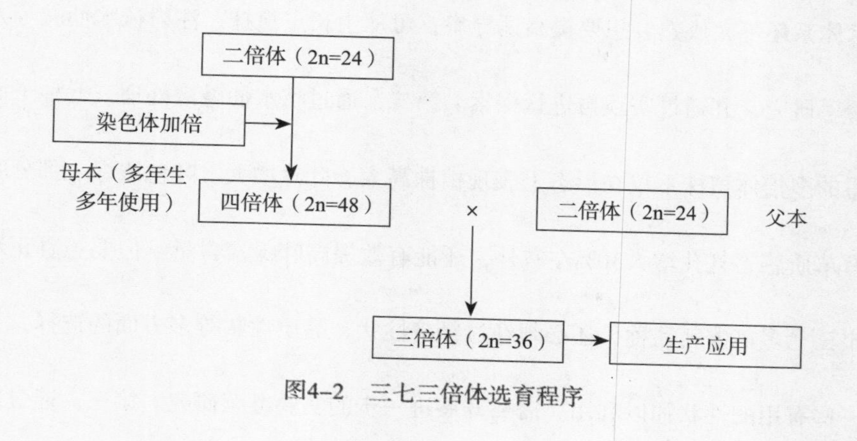

图4–2　三七三倍体选育程序

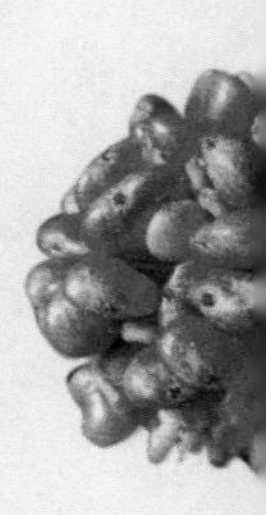

目前最常用的方法是通过秋水仙碱破坏纺锤丝的形成，从而诱导染色体加倍，农作物成功应用的比较多。近年来，中药材应用多倍体诱导技术育种在不断兴起，而且多倍体诱导在中药材育种领域具有比较广阔的应用前景。在一定程度上，多倍体育种避免了中药材普遍存在的传统育种研究基础差的问题。多倍体植株通常具有营养体生长旺，但生殖不育的现象，不像禾本科农作物要考虑种子的产量，该育种方法对三七这种收获块根的药材比较适合。其次，三七是二倍体植物，通过加倍染色体形成多倍体，其块根产量的增产潜力要大于人参、西洋参等四倍体植物。

王朝梁等利用秋水仙碱诱导的方法进行三七染色体加倍的初步研究，发现了几个重要结果。第一，秋水仙碱处理三七种子的适宜浓度为0.1%，种子浸泡的最佳时间为48小时，但诱导率最高只能达到3.64%，可见多倍体的诱导率还不高。为了提高诱导率，可采用基于组培技术的离体培养，但目前三七的组培技术体系还不太成熟，想要提高诱导率，可从生长点涂抹、注射秋水仙碱等方向着手研究，并通过实践再进行探索。第二，通过秋水仙碱液处理三七种子而获得的多倍体植株不仅在形态上表现植株高大、叶片增大、叶色浓绿、部分叶片有革质感，气孔增大30%左右外，还能有效提高叶绿素含量。但要想真正培育出三七多倍体新品种，还必须经过经济性状、品质性状等多方面的选择，并对一些有用的性状加以利用，需要开展进一步的实验继续研究。第三，通过细胞分裂过程中观察染色体数目是否为多倍体可以对倍性进行准确鉴定。通过观察根尖的有丝分裂，花粉的减数分裂是细胞学鉴定的基本方法。采用观察花粉减数分裂的方法时，主要是考虑到两个方面：一是有丝分裂采用的材料主要是幼嫩的根尖，但三七主要在4~5月的展叶期大量生长根尖，此时多倍体的田间表现还不完全明显，而且根尖观察必然会导致植株死亡，对多倍体植株损害也比较大；二是秋水仙碱对三七多倍体的诱导率还太低，故选择观察花粉减数分裂较为合适。若在花粉减数分裂过程中的终变期观察到了染色体发生加倍，则说明三七经秋水仙碱溶液处理后是可以获得部分四倍体植株的，使用四倍体和二倍体植株进行杂交，可获得三倍体植株，这将为今后三七新品种选育提供科学的理论依据。

（四）三七的遗传背景研究

1．三七的分子水平研究

随着人们对分子和基因技术的不断研究，基因工程育种逐渐运用到药用植物的培育当中。基因工程育种是指在基因水平上，对DNA片段和载体进行体外重组、遗传转化、选择等一系列操作，生产出具有某种新性状的生物新材料，同时这种新性状可以稳定遗传。转基因育种、分子标记育种等技术也逐渐兴起，目前人参和西洋参已开展了基因工程研究，对三七具有非常大的借鉴意义，但三七的转基因育种研究还有待进一步深入开展。如高效的遗传转化体系、目的基因和配套遗传元件、基因表达规律等。在探讨三七育种性状与标记的相关性时利用DNA分子标记，如RFLP、RAPD、AP-PCR、SSR、AFLP技术，可为早期筛选优良个体提供鉴别指标，提高选种效率，缩短育种周期，降低成本。

使用分子生物学的方法研究三七遗传的多样性始于2000年。段承俐等采用RAPD方法对三七栽培群体中7个典型的性状变异类型的DNA变化进行了分析，发现供试三七样品的变异类型之间与同一类型的不同个体之间的DNA多态性变异率分别为75.5%和75.2%，多态性高。说明从遗传背景来说，三七仍然属于一个杂合居群，具有丰富的遗传多样性，通过系统选育的方法纯化基因也许是今后三七新品种选育的重要途径。

Zhou等利用ITS和AFLP对三七和屏边三七进行研究，发现野生种屏边三七的多态性要大于栽培三七。张金渝等利用EST-SSR标记方法对来自4个不同区域的17份三七选育品系进行遗传多样性及遗传分化分析。在通过集团选择后，从相同栽培居群内筛选出的不同品系存在一定程度的遗传分化，可以用EST-SSR标记来检测集团选择的结果。此外还进一步发现三七具有丰富的遗传多样性，但彼此间具较高的基因交流，居群间遗传分化水平低，遗传差异主要存在于居群内。肖慧等采用同工酶标记分析三七种内遗传多样性，指出其遗传变异（81.01%）主要存在于居群间，居群内分化较小。刘涵等采用磁珠富集法，从三七基因组中分离出12个多态微卫星（SSR）位点，以此设计了12对位点专一引物，说明该套微卫星标记多态性比较高，可以满足三七居群遗传学研究的需要。

董林林等利用DNA标记辅助系统选育技术获得首个三七抗病新品种。选育获得的纯化抗病品种具有一致性、稳定性及特异性，将该品种作为新品种进行登记，其对根腐病具有显著的抗性。选育过程采用简化基因组测序技术，可以快速检测抗病品种的SNP位点。其过程主要是依据抗病表型与PCR技术结合来筛选并确定与抗病相关的SNP位点，然后利用该位点筛选目标株系，从而加快三七抗病新品种的选育。此外，利用该关联位点辅助筛选留种基地潜在的抗病群体，之后将包含目标位点的株系在人工病圃中进行系统选育，可进一步筛选并纯化抗病群体。

总之，对于三七遗传背景的研究才刚起步，由于取样量及所用分子标记自身存在的缺陷，目前还无法得到全面清晰的结果。

2. 三七的细胞水平研究

在细胞水平方面，段承俐等通过对三七减数分裂过程及染色体在联会时的构型和染色体在各个时期的特征进行了观察，发现三七大部分小孢子形成过程基本正常，仅有极少部分在减数分裂中期Ⅰ出现落后的染色体。三七是一种二倍体植物，全部为中部着丝点染色体（臂比均小于1.7）。最长染色体为11.31μm，最短染色体为5.65μm，它们的比值为2.002，臂比范围在1.68～1.17，全部染色体的臂比值都小于2，根据Stebbins的核型分类法，属于“1B”型，为对称型。该研究为三七的遗传育种、染色体工程及种质资源研究和生产提供了细胞学依据。

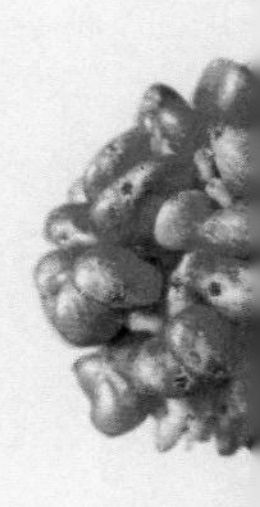

（五）三七组培技术的研究

三七的生长周期较长，为了缩短育种年限，曾经有许多研究者尝试利用组织培养的方法快速繁育三七。三七的组织培养研究最早开始于1978年，此后中国科学院云南植物研究所郑光植等首次报道了三七愈伤组织的诱导与培养，并摸索出三七的愈伤组织诱导的最佳pH值为5.8。刘瑞驹等首次报道了三七组培苗的再生，他们以幼苗为材料，按茎、叶柄和叶的不同外植体分别进行培养，最后胚性愈伤组织都分化出了胚状体，胚状体最终发育成完整植株。次年，陈伟荣等对三七试管苗的繁殖技术进行了详细的探讨和报道，他们指出在一定条件下，花序的愈伤组织可通过体细胞胚发生途径获得再生植株。通过对三七组织培养的一系列研究，目前有实验团队还建立了一个三七体细胞胚大批量诱导的技术体系，他们利用不定根作为外植体，完成了从愈伤组织到组培苗移栽野外的整个过程，这毫无疑问为三七组织培养的研究提供了坚实的基础。

1. 愈伤组织的诱导

三七的组织培养过程中，在进行种苗快速繁殖和次生代谢物生产之前，最重要的步骤是愈伤组织的诱导。在愈伤组织诱导时，外植体的选择、激素的种类组合与浓度都关系着组织培养效果的好坏甚至成败。

（1）外植体选择　因为细胞具有全能性，因此三七所有器官都是可以诱导出愈伤组织，但诱导率差异却非常大。为三七组织培养的外植体筛选出愈伤组织诱导率高的器官至关重要。郑光植等研究发现无论生长速率还是干重增长率、粗皂苷含量和产率、粗皂苷元含量、主要皂苷成分Rg_1、Rb_1和Rh_1及其含量、皂苷组成还是诱导愈伤组织的频率及速率，都以茎作为外植体诱导的愈伤组织效果最好。高先富等认为使用幼嫩花蕾愈伤组织来诱导不定根是十分理想的一种方法。段承俐等用花药作为外植体诱导愈伤组织，取得了较好的效果。由此可见，作为三七愈伤组织的材料是十分多样的，可以根据各自的研究目的选用不同的外植体。一般来说选用茎作为外植体会取得较好的效果；用幼嫩花蕾作为外植体则有利于诱导不定根；而取花药作为外植体则有利于单倍体方面的研究。

（2）激素选择　植物激素包括细胞分裂素、生长素等，又可称为植物生长调节剂。细胞分裂素和生长素被广泛应用于植物组织培养中，二者搭配使用可诱导植物脱分化形成愈伤组织。但不同的植物对生长调节剂的种类和浓度的反应是不同的。因此，需要筛选出适合三七愈伤组织诱导的激素组合与浓度。目前，在三七组织培养中，用于愈伤组织诱导的生长素大多使用2，4–D，浓度一般为2mg/L左右；搭配使用一定浓度的细胞分裂素效果更佳，目前大多使用激动素，浓度一般为0.5～0.7mg/L。

（3）基本培养基选择　目前，三七组织培养中，用于愈伤组织诱导的基本培养基主要是MS培养基。

（4）培养条件　三七愈伤组织诱导一般是在黑暗条件下进行，光照对其有一定抑制作用，温度和pH值一般分别为25℃和5.8。

2. 次生代谢物生产

皂苷是三七与其下游产品的药效成分的主要来源，皂苷的规模化生产可通过组织培养技术实现。植物悬浮细胞培养技术是当代生物制药中的一个重要技术，它可以生产次生代谢物质，而且细胞悬浮培养生产次生代谢物质具有不受外界环境影响、繁殖速度快、培养规模大和提供大量均匀一致植物培养物等优点，适于大规模的工厂化生产。另外，通过诱导愈伤组织、筛选培养条件、选择优良培养体系和添加合适诱导物质等方法，可以进行植物细胞（如植物悬浮培养细胞）的批量生产，然后分离提取得到代谢产物，这种生产方式得到的次生化合物含量往往比植物体高出2～5倍。

日本、韩国通过细胞培养、不定根培养已经实现了人参皂苷的工厂化生产。而三七在这方面的研究起步较晚。郑光植等对外植体类型、培养基、培养条件、外源激素、培养基天然补充物等影响因子进行了研究，使三七愈伤组织的生长速率达每天220mg/L，愈伤组织中总皂苷含量达13%。侯篙生等用5L气升式反应器培养细胞，发现外循环反应器中三七总皂苷含量达9.48%；内循环反应器中三七多糖含量达24%，但三七细胞生长比较缓慢。周立刚等用10L的搅拌式发酵罐对三七细胞进行发酵培养，皂苷含量为干重的11.21%，皂苷产率为1513.3mg/L，细胞培养物产率为每月13.58g/L（DW），均比悬浮培养高。甘烦远等研究了人参寡糖素对三七悬浮培养细胞生长的效应，发现人参寡糖素对三七悬浮培养细胞的生长具有明显的促进作用。

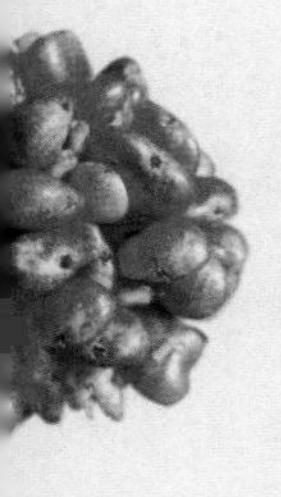

3. 不定根与不定芽诱导

通过调节培养基中细胞分裂素和生长素的种类和浓度，诱导愈伤组织产生不定根或者不定芽，可以满足各种不同的研究目的。诱导不定根可生产次生代谢物，进而对不定根进行继代增殖培养，扩增出大量不定根后从中提取皂苷等次生代谢物；诱导不定芽可获得组培苗，继而诱导生根，从而形成完整的组培苗用于栽培或其他研究。

不定根诱导。三七在这方面仍处于起步阶段，但有报道称人参不定根培养已成功实现了工业化，反应器规模达到10吨。高先富等发现，诱导不定根采用幼嫩花蕾愈伤组织是十分理想的；IBA诱导不定根的能力最强；采用不定根连其母体组织一起在液体培养系统中连续培养后再分离的方法较好。淡墨等研究了茉莉酸甲酯对三七不定根次生代谢产物的影响，发现在茉莉酸甲酯的刺激下，三七不定根的次生代谢产物与天然三七根更为相似，证明可选择茉莉酸甲酯为三七不定根增加活性次生代谢产物合成有价值的诱导剂。利用生物反应器进行放大培养，并优化培养条件，可在建立了三七不定根培养体系的基础上，最终实现皂苷的工业化生产。

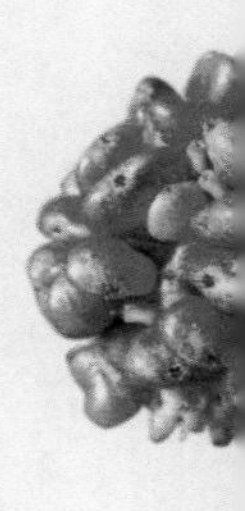

不定芽诱导与组培苗。刘瑞驹等首次报道了三七胚状体的发生，并成功诱导出不定芽进而形成完整植株。陈伟荣等对三七试管苗进行了详细的研究，获得了大量组培苗。许鸿源等使用灵发素诱导茎愈伤组织产生胚状体取得了较好效果，诱导率达90%，且有30%以上的胚状体能发育成健壮的全苗，用三七叶片作为外植体也取得了与此相当的效果。虽然通过诱导愈伤组织产生胚状体进而分化不定芽可得到三七组培苗，但畸形胚和不完整胚还比较多，成苗率也比

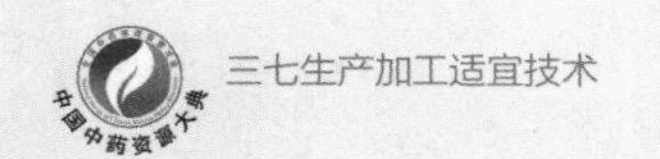

较低。获得更多正常的胚状体、提高成苗率仍是需要继续研究的内容。

在三七组织培养领域，由于起步较晚，各项技术还不是很成熟，要得到高皂苷含量和快速生长的愈伤组织，并将其用于细胞培养、不定根培养，实现皂苷生产的工业化，还需要深入研究。如何提高组培苗的成苗率，实现三七种苗的离体快繁也具有重要的研究价值，产生经济效益。毛状根具有可以在无激素的培养基上快速生长、拥有亲本植物的次生代谢途径、遗传稳定、生长迅速等特点，人参、西洋参毛状根培养技术已比较成熟，而三七还未开展毛状根培养的研究，筛选适宜的发根农杆菌诱导三七产生毛状根可能是以后研究的热点。

第5章

三七药材质量评价

一、本草考证与道地沿革

（一）三七的本草考证

三七最早出自于元代杨清叟撰《仙传外科集验方》。

明代：兰茂《滇南本草》云："金不换天验仙方即三七"，并记载三七止血散血定痛功效。张四维《医门秘旨》云："其本出广西，七叶三枝，故此为名。用根，类香白芷，味甘，气辛温，性微凉。阳中之阴。"其首次记载了三七产地，形态特征，名称来源、用药部位和性味。李时珍《本草纲目》云："三七，释名山漆，金不换。彼人言其叶左三右四，故名三七，盖恐不然。或云本名山漆，谓其能合金疮，如漆粘物也，此说近之。金不换，贵重之称也。""生广西南丹诸州番峒深山中，采根暴干，黄黑色。团结者，状略似白及；长者如老干地黄，有节。味微甘而苦，颇似人参之味。或云：试法，以末掺猪血中，血化为水者乃真……根【气味】甘、微苦，温，无毒。叶【主治】折伤跌扑出血，敷之即止，青肿经夜即散，余功同根。"详细阐述了三七名称来源、产地、药用部位及其形态与颜色、性味和药材鉴别方法，并记载三七叶的功效主治。李中立《本草原始》云："三七类竹节参，味甘而苦，亦似参味，但色不同。参色黄白，而三七黄黑。"其比较了三七和竹节参的区别。倪朱谟《本草汇言》云："山漆书名三七，又名金不换。味苦、微甘，性平，无毒。乃阳明、厥阴

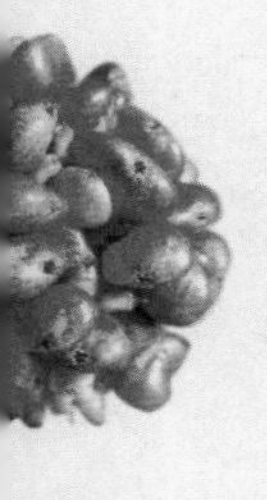

经药。”其补充了三七归经。

清代：陈士铎《本草新编》云：“三七根，味甘而辛，气微寒，入五脏之经。三七根，各处皆产，皆可用。惟西粤者尤妙，以其味初上口时，绝似人参，少顷味则异于人参耳，故止血而又兼补。他处味不能如此，然以之治止血，正无不宜也。”其记载了三七有多个产地来源，其中广西（西粤）产功效最好。张璐《本经逢原》云：“广产形如人参者是，有节者非。”其进一步明确三七广西产为真。赵学敏《本草纲目拾遗》引《识药辨微》云：“人参三七，外皮青黄，内肉青黑色，名铜皮铁骨。此种坚重，味甘中带苦，出右江土司，最为上品。大如拳者治打伤，有起死回生之功。价与黄金等。”又引《百草镜》云：“人参三七味微甘，颇似人参，入口生津，切开内沥青色，外皮细而绿，一种广西山峒来者，形似白及，长者如老干地黄，有节，味甘如人参，亦名人参三七，又名竹节三七。”其详细描述三七药材颜色和右江产地。《广西通志》记载：“三七，恭城出。其叶七茎三，故名。”记载恭城产三七。黄凯钧《药笼小品》云：“广产者，细皮坚实，味甘苦，能生津补气，虚寒吐血。”记载三七广西产，细皮坚实为佳。吴其濬《植物名实图考》云：“余在滇时，以书询广南守，答云：三茎七叶，畏日恶雨，土司利之，亦勤培植，且以敷缶莳莳寄，时过中秋，叶脱不全，不能辨其七数，而一茎独直，顶如葱花，冬深茁芽，至春有苗及寸，一丛数顶，旋即枯萎。昆明距广南千里，而近地候异宜，而余竟

不能视其左右三七之实，惜矣，因就其半萎之茎而圆之。余闻田州至多，采以煨肉，盖皆种生，非野卉也。”记载了三七除恭城、田州外，在云南富宁、广南也有种植。郑奋扬《增订伪药条辨》记载：“三七，原产广西镇安府，在明季镇隶田阳。所产之三七，均贡田州，故名田三七。销行甚广，亦广西出品之大宗也。有野生种植之分：其野生形状类人形者，称人七，非经百年，不能成人形，为最难得最道地。”补充了三七产于广西田阳，并记载有野生和人工种植之分。

民国：《中国医药大辞典》云：“人参三七，三七之类人参者。【形态】产于广西南丹诸州番峒中，每茎上生七叶，下生三根，故名。其【根】有微黄形似白及者，有长而有节似参者，有形如荸荠尖圆不等皮色青黄者，又有水三七、旱三七、小三七、藏三七、琼州三七、佛手三七、竹节三七、白芷三七，以及铜皮铁骨之类，皆可疗疾，各详本条。【性质】味甘苦。【功用】补血，去瘀损，止吐血。治跌扑损伤，积血不行（酒煎服）。【杂论】此物以形圆而味甘如人参者为真，能通能补，功效最良。”记载了三七形态、产地，药用部位形态特征。陈仁山《药物出产辨》云：“产广西田州为正道地。近日云南多种，亦可用。以蓝皮蓝肉者为佳，黄皮黄肉者略差。暑天收成者佳，冬天收成者次之。”明确了广西田州为道地产地，记载了三七有蓝皮蓝肉和黄皮黄肉两种，采收以夏天较佳，冬天收成较差。赵燏黄《本草药品实地之观察》

云："参三七：又名田三七，或称田漆，原产于广西镇安府，在明季镇隶田阳所产之三七均贡自田州，故名，亦广西出品之大宗也。药肆谓参三七，有野生与种植之分，其野生之历年久者，亦能生成人形，此称人七，市品中视为极贵重之品，殊难得之云云，此指五加科之人参三七无疑也。普通品即取生根除去副根，暴干而得之物，长2.5～4.0cm，径0.7～1.8cm，外皮灰黄色，长者略呈竹节形而带断续之纵皱，短者肥厚而有结节，并带细微之皱纹，处处有副根除去之遗迹，顶端间或带茎轴之残基或其断痕，上肥下瘠，略呈倒圆锥形；横切面皮部灰黄色，有树脂道存在，木部较淡，韧有放线状细纹，中央及皮木二部交界，往往有裂隙，质极坚硬，带窜透性之芳香，略如白芷气味。旱三七：药肆之所谓旱三七者，为广西南宁等处产品，盖当地种植之参三七也，当亦属于五加科之人参属三七；外皮青黑色而带灰黄，形式不甚整齐，有呈圆锥形或倒圆锥形，或圆柱形而附带结节，处处现瘢痕而凸起之或凹陷之，其肥大者，长2.5～4.0cm，径1.5～2.0cm；瘠小者，长1.5～2.0cm，径0.7～1.0cm；横切面青灰色乃至黄灰色，质亦极坚，硬如角质；味带芳香性，微甘而苦。余同上！"详细记载了三七形状、产地和药材横切面特征。

另，在《本草纲目》《本草原始》《本草汇言》《本草备要》《本草从新》《本草求真》《中国医药大辞典》还记载"近传一种草，春生苗，夏高三四尺。叶似菊艾而劲厚，有歧尖，茎有赤棱。夏秋开黄花，蕊如金丝，盘纽可爱，而气不香，花干则絮如苦荬絮。根叶味甘，治金疮折伤出血及上下血病，甚效。云是三七，而根大如牛蒡根，与南中来者不类，恐是刘寄奴之属，甚易繁衍。”则是指菊科菊三七属植物菊三七，也称为土三七，虽也在做跌打损伤用药，但和三七不是同一植物。民国陈存仁在《中国药学大辞典》记载三七也是菊科菊三七，其将菊科菊三七错误地辨认为《本草纲目》记载的五加科植物三七。

综上，据本草考证，三七为五加科人参属植物。从明代开始作为一种治疗血证（血瘀、止血等）的名贵药材发展至今，主产于广西、云南。

（二）三七道地沿革

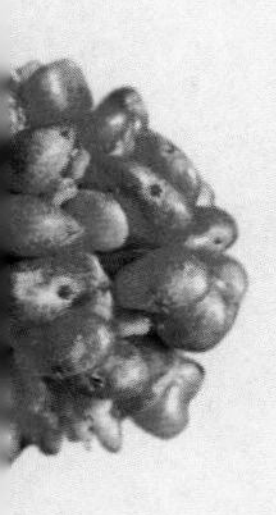

明代：《医门秘旨》首载三七产地“其本出广西”，即三七原产于广西。《本草纲目》记载“出广西南丹诸州番峒深山中”，即今广西河池市南丹县及其周边少数民族居住的深山中。《轩歧救正论》记载“近代出自粤西南丹诸处”，即广西南丹县。

清代：《本草新编》记载“三七根，各处皆产，皆可用。惟西粤者尤妙”，即三七有多个产地，以广西产为最佳。《本草纲目拾遗》中记载“出右江土司，最为上品”和“又一种出田州土司”，即今广西右江流域的百色地区（田东、田阳、靖西、德保、睦边、隆林等县）为道地药材。《广西通志》中记载“三七，恭城出”，即今广西的恭城。《滇志》记载“土富州产三七，其地近粤西，应是一类”，首次记载云南文山富宁县及周边地区也产三七。《开化府志》

记载“开化三七，在市出售，畅销全国”，即今云南文山州开化镇。《增订伪药条辨》记载“三七，原产广西镇安府，在明季镇隶田阳。所产之三七，均贡田州，故名田三七”，即今广西那坡县及其周边地区，田州府为三七集散地。

民国：《药物出产辨》记载“产广西田州为正道地。近日云南多种，亦可用”，即广西百色为道地产地，云南也出产三七。《本草药品实地之观察》记载“原产于广西、云南等省，以云南出者尤多，故名田（攵作滇）三七。云南学友王裕昌药师曾赠本地出产之三七”，记载三七原产于广西那坡（镇安府）和田阳，在南宁也有种植，云南出产也较多。《新纂云南通志》称“开化、广南所产三七，每年约数万斤”。

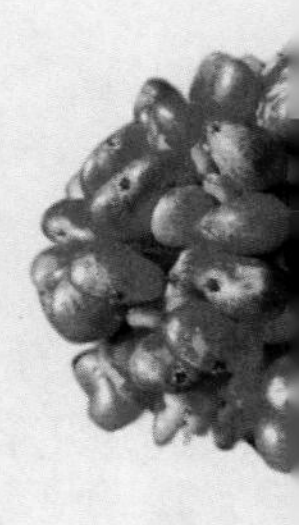

现代：《中药志》（1959年）中记载：“三七主要栽培于云南、广西。在四川、湖北、江西等省有野生”。《全国中草药汇编（上册）》（1975年）中记载“分布于广西西南部、云南东南部，一般为栽培；江西、湖北及其他省近年也有栽培”。《中国道地药材》（1989年）记载“广西右江流域的田阳周围和云南文山、砚山、西畴、马关为原始产地”。《中药材品种论述》（1990年）中记载“古人以其盛产于广西，而以右江的田州府（即今之田阳县田州镇）为集散地，故有田七或田三七之称。本品亦盛产于云南，所以也叫‘滇七’或‘滇三七’。本品主产于云南的文山、广南、西畴、砚山、马关等县和广西的田东、田阳、靖西、德保、睦边、隆林等县（即右江流域）。它们之间连成了一片三七栽培区。

近年来，云南各地均有种植，长江以南各省也有试种”。《500味常用中药材的经验鉴别》（1999年）记载“三七主要分布于云南、广西；另外如广东、四川、江西，福建等地亦有栽培。以云南、广西两省所产量大质优，为‘地道药材’。主产于云南文山、砚山、马关、广南、西畴、麻栗坡、富宁、邱北；广西靖西、德保、凌云、那坡等地。（三七原以广西田阳（古名出州）为原产地，故原名‘田七’，后移植于云南文山（旧名开化），质量优于原产地，故又有“开化三七”之称”。《金世元中药材传统鉴别经验》（2010年）记载“主产于云南文山、砚山、西畴、马关、麻栗坡、广南、富宁、邱北，广西靖西、德保、凌云、那坡、田阳等地。三七虽然产于云南、广西两省，实为土地接壤的近邻地区”。

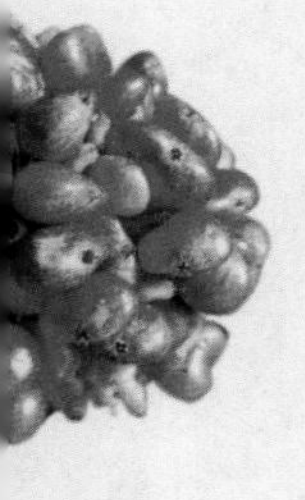

综合以上古文献及现代文献所述，三七最早产于广西河池市南丹县，后逐步向西迁移和向高海拔区域迁移，经广西田阳、德保、靖西、那坡，到云南文山富宁、广南、西畴、砚山、文山、马关等地，现云南文山及其周边地区为三七主产地，而广西境内三七种植日渐减少。近年来三七继续向西、向北高海拔区域迁移，已种植到云南红河、普洱、大理、保山、丽江、玉溪、昆明、曲靖等地州。这可能同三七种植生产上连作障碍问题突出，需不断找新地种植有关，也同气候变迁有关。

二、药典标准

2015年版《中国药典》：三七（Notoginseng Radix ET Rhizoma）

本品为五加科植物三七*Panax notoginseng*（Burk.）F. H. Chen的干燥根和根茎。秋季花开前采挖，洗净，分开主根、支根及根茎，干燥。支根习称“筋条”，根茎习称“剪口”。

【性状】主根呈类圆锥形或圆柱形，长1～6cm，直径1～4cm。表面灰褐色或灰黄色，有断续的纵皱纹和支根痕。顶端有茎痕，周围有瘤状突起。体重，质坚实，断面灰绿色、黄绿色或灰白色，木部微呈放射状排列。气微，味苦回甜。

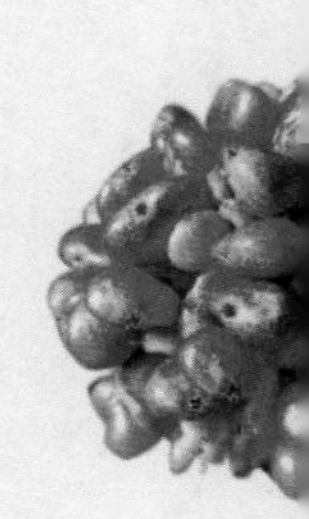

筋条呈圆柱形或圆锥形，长2～6cm，上端直径约0.8cm，下端直径约0.3cm。

剪口呈不规则的皱缩块状或条状，表面有数个明显的茎痕及环纹，断面中心灰绿色或白色，边缘深绿色或灰色。

【鉴别】（1）本品粉末灰黄色。淀粉粒甚多，单粒圆形、半圆形或圆多角形，直径4～30μm；复粒由2～10余分粒组成。树脂道碎片含黄色分泌物。梯纹导管、网纹导管及螺纹导管直径15～55μm。草酸钙簇晶少见，直径50～80μm。

（2）取本品粉末0.5g，加水5滴，搅匀，再加以水饱和的正丁醇5ml，密塞，振摇10分钟，放置2小时，离心，取上清液，加3倍量以正丁醇饱和的水，摇匀，放置使分层（必要时离心），取正丁醇层，蒸干，残渣加甲醇1ml使溶解，作为供试品溶液。另取人参皂苷Rb_1对照品、人参皂苷Re对照品、人参皂苷Rg_1对照品及三七皂苷R_1对照品，加甲醇制成每1ml各含0.5mg的混合溶液，作为对照品溶液。照薄层色谱法（通则0502）试验，吸取上述两种溶液各1μl，分别点于同一硅胶G薄层板上，以三氯甲烷-乙酸乙酯-甲醇-水（15：40：22：10）10℃以下放置的下层溶液为展开剂，展开，取出，晾干，喷以硫酸溶液（1→10），在105℃加热至斑点显色清晰。供试品色谱中，在与对照品色谱相应的位置上，显相同颜色的斑点；置紫外灯（365nm）下检视，显相同的荧光斑点。

【检查】 水分 不得过14.0%（通则0832第二法）。

总灰分 不得过6.0%（通则2302）。

酸不溶性灰分 不得过3.0%（通则2302）。

【浸出物】 照醇溶性浸出物测定法（通则2201）项下的热浸法测定，用甲醇作溶剂，不得少于16.0%。

【含量测定】 照高效液相色谱法（通则0512）测定。

色谱条件与系统适用性试验 以十八烷基硅烷键合硅胶为填充剂；以乙

腈为流动相A，以水为流动相B，按下表中的规定进行梯度洗脱；检测波长为203nm。理论板数按三七皂苷R_1峰计算应不低于4000。

时间（分钟）	流动相A（%）	流动相B（%）
0～12	19	81
12～60	19→36	81→64

对照品溶液的制备　精密称取人参皂苷Rg_1对照品、人参皂苷Rb_1对照品及三七皂苷R_1对照品适量，加甲醇制成每1ml含人参皂苷Rg_1 0.4mg、人参皂苷Rb_1 0.4mg、三七皂苷R_1 0.1mg的混合溶液，即得。

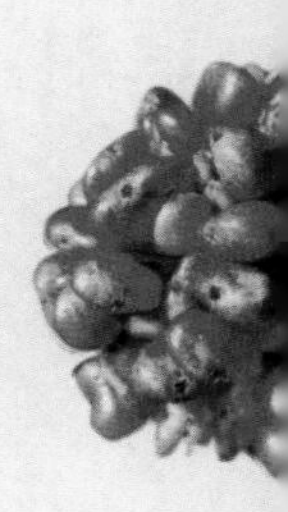

供试品溶液的制备　取本品粉末（过四号筛）0.6g，精密称定，精密加入甲醇50ml，称定重量，放置过夜，置80℃水浴上保持微沸2小时，放冷，再称定重量，用甲醇补足减失的重量，摇匀，滤过，取续滤液，即得。

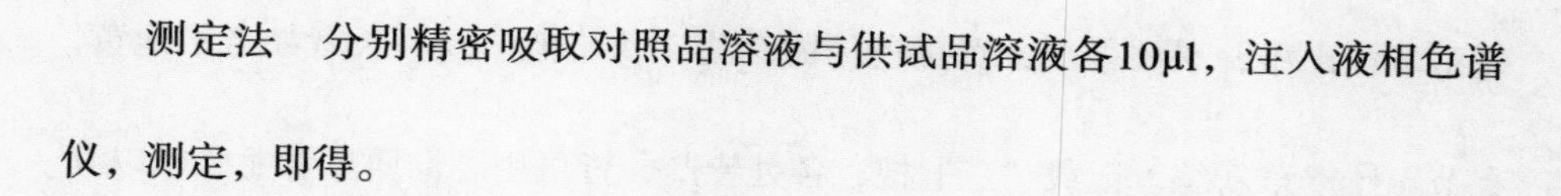

测定法　分别精密吸取对照品溶液与供试品溶液各10μl，注入液相色谱仪，测定，即得。

本品按干燥品计算，含人参皂苷Rg_1（$C_{42}H_{72}O_{14}$）、人参皂苷Rb_1（$C_{54}H_{92}O_{23}$）和三七皂苷R_1（$C_{47}H_{80}O_{18}$）三者的总量不得少于5.0%。

饮片

【炮制】三七粉　取三七，洗净，干燥，碾细粉。

本品为灰黄色的粉末。气微，味苦回甜。

【鉴别】【检查】【浸出物】【含量测定】 同药材。

【性味与归经】 甘、微苦，温。归肝、胃经。

【功能与主治】 散瘀止血，消肿定痛。用于咯血，吐血，衄血，便血，崩漏，外伤出血，胸腹刺痛，跌扑肿痛。

【用法与用量】 3～9g；研粉吞服，每次1～3g。外用适量。

【注意】 孕妇慎用。

【贮藏】 置阴凉干燥处，防蛀。

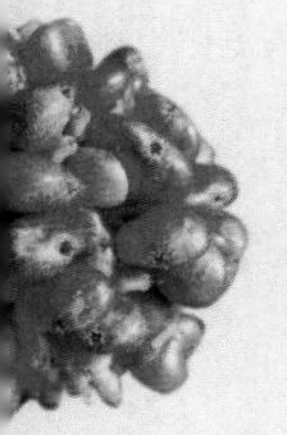

三、质量评价

（一）传统三七质量评价

关于三七的质量评价早在《本草纲目》就有记载，其云："生广西南丹诸州番峒深山中，采根暴干，黄黑色。团结物，状略似白及；长者如老干地黄，有节"。《本草新编》记载"三七根，各处皆产，皆可用。惟西粤者尤妙，以其味初上口时，绝似人参，少顷味则异于人参耳，故止血而又兼补。他处味不能如此，然以之治止血，正无不宜也"。《本草纲目拾遗》引《识药辨微》记载"人参三七，外皮青黄，内肉青黑色，名铜皮铁骨。此种坚重，味甘中带苦，出右江土司，最为上品。大如拳者治打伤，有起死回生之功。价与黄金等"。又记载"人参三七，出右江土司边境，形如荸荠，尖圆不等，色青黄，有皮，味甘苦，绝类人参，故名。彼土人市入中国，则以颗之大小定价，每颗重一两者最贵，云百年之物，价与辽参等。余则每颗以分计钱，计者价不过一二换而已”。《本草求原》记载“细考田州三七，红皮、黑心，有菊花纹者真，如人参者上，有节者次”。《增订伪药条辨》记载“有野生种植之分：其野生形状类人形者，称人七，非经百年，不能成人形，为最难得最道地”。《中药志》（1959年）记载“一般多在花前挖取或开花前摘掉花苞，不使开花，则其根充实饱满，品质较佳。若在结果后挖取，则根瘦而皱缩，质量稍次”。

由此可见，古代本草已对不同产地、不同形状、不同年限和不同采收时间所造成的三七质量差异进行了归纳，并且多以产地、形状、外观色泽、断面的色泽和个头大小来确定三七的质量。

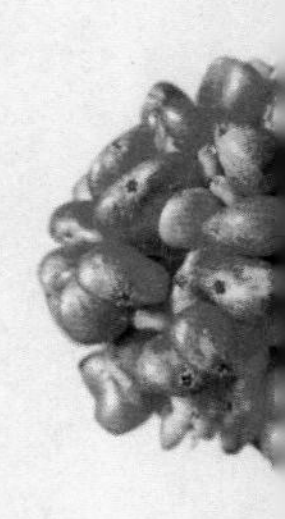

（二）三七质量标准

1. 基原

《七十六种药材商品规格标准》规定三七基原为五加科植物三七的干燥根。1953、1963、1977年版《中国药典》规定三七基原为五加科植物三七*Panax notoginseng*（Burk.）F. H. Chen的干燥根。秋季花开前采挖，洗净，分开主根、支根及茎基，干燥。1985—2000年版《中国药典》规定三七基原为五加科植物三七*Panax notoginseng*（Burk.）F. H. Chen的干燥根。秋季花开前采挖，洗净，分开主根、支根及茎基，干燥。支根习称“筋条”、茎基习称

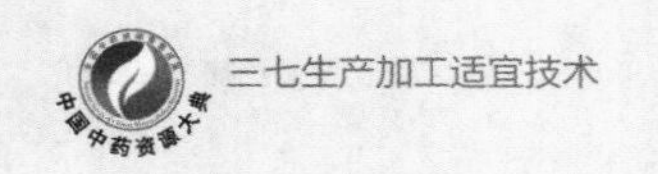

"剪口"。2005—2015年版《中国药典》规定三七基原为五加科植物三七*Panax notoginseng*（Burk.）F. H. Chen的干燥根及根茎。秋季花开前采挖，洗净，分开主根、支根及根茎，干燥。支根习称"筋条"，根茎习称"剪口"。《地理标准产品 文山三七》（GB/T 19086—2008）规定基原为五加科人参属植物三七*Panax notoginseng*（Burk.）F. H. Chen的根、茎叶、花。

2. 性状

《七十六种药材商品规格标准》规定三七性状为圆锥形或类圆柱形，表面灰黄色或黄褐色，质坚实、体重，断面灰褐色或灰绿色，味苦微甜。

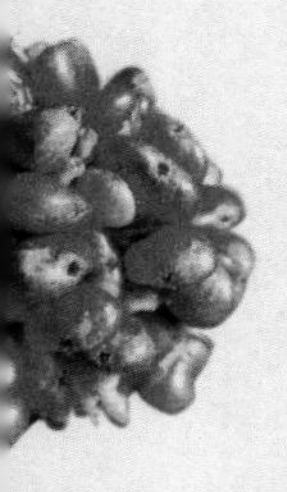

1985—2015版《中国药典》记载三七：主根呈类圆锥形或圆柱形。长1～6cm，直径1～4cm。表面灰褐色或灰黄色，有断续的纵皱纹及支根痕。顶端有茎痕，周围有瘤状突起。体重，质坚实，断面灰绿色、黄绿色或灰白色，木部微呈放射状排列。气微，味苦回甜。筋条呈圆柱形，长2～6cm，上端直径约0.8cm，下端直径约0.3cm。剪口呈不规则的皱缩块状及条状、表面有数个明显的茎痕及环纹，断面中心灰白色，边缘灰色。

3. 质控

《七十六种药材商品规格标准》规定三七无杂质、虫蛀、霉变。

2000年版《中国药典》规定三七含人参皂苷Rb_1（$C_{54}H_{92}O_{23}$）和人参皂苷Rg_1（$C_{42}H_{72}O_{14}$）的总量不得少于3.8%。

2005—2015年版《中国药典》规定三七：【检查】水分照水分测定法（附录Ⅸ H第一法）测定，不得过14.0%。总灰分不得过6.0%。酸不溶性灰分不得过3.0%（附录Ⅸ K）。【浸出物】照醇溶性浸出物测定法项下的热浸法测定，用甲醇做溶剂，不得少于16.0%。【含量测定】照高效液相色谱法测定。本品按干燥品计算，含人参皂苷Rg_1（$C_{42}H_{72}O_{14}$）、人参皂苷Rb_1（$C_{54}H_{92}O_{23}$）和三七皂苷R_1（$C_{47}H_{80}O_{18}$）三者的总量不得少于5.0%。

4. 包装、运输、贮藏

《中国药典》规定三七贮藏置阴凉干燥处，防蛀。《地理标准产品　文山三七》（GB/T 19086—2008）标准规定三七，包装：包装物应洁净、干燥、无污染，符合国家有关卫生要求。运输：不得与农药、化肥等其他有毒、有害物质混装。运载容器应具有较好的通气性，以保持干燥，应防雨、防潮。贮藏：加工好的三七产品应有仓库进行贮存，不得与对三七质量有损害的物质混贮，仓库应具备透风、除湿设备，货架与墙壁的距离不得少于1m，离地面距离不得少于20cm，入库产品注意防霉、防虫蛀。水分超过13%不得入库。

地方三七储藏养护：三七一般用双层麻袋包装，每件50kg左右，贮存于阴凉、干燥处，温度15℃以下，相对湿度70%～75%。本品属于含糖类，受潮易发霉、虫蛀。霉斑白色或绿色，多出现在商品表面或缝隙间。危害的仓虫有褐蕈甲、土耳其扁谷盗、脊胸露尾甲、粉斑螟、大谷盗等，蛀蚀品表面现多数孔洞，严重时断面有被蛀空的痕迹和虫体。储藏入库前，严格验收，对色深、手感软润、质地较重、互相撞击声不清脆者，应晾晒处理。入夏前，可将商品分成小件或小批，密封抽氧充氮，加以养护。高温高湿季节，每月检查一次，发现吸潮、轻度虫蛀品，及时晾晒，严重时用磷化铝、溴甲烷熏杀。

（三）三七商品规格等级标准（SB/T 11174.3—2016）

1. 范围

本标准规定了三七的商品规格等级。

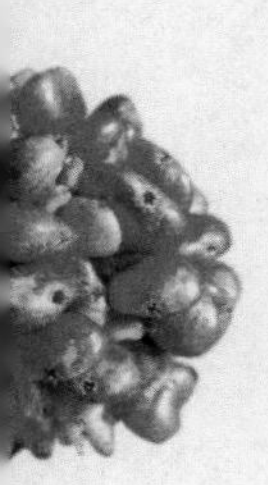

本标准适用于全国范围内各地区三七在生产、流通及使用过程中所涉及的商品规格等级。

2. 规范性引用文件

下列文件对于本文件的应用是必不可少的。凡是注日期的引用文件，仅所注日期的版本适用于本文件。凡是不注日期的引用文件，其最新版本（包括所有的修改单）适用于本文件。

（1）《中华人民共和国药典》2015年版一部

（2）GB/T 191《包装储运图示标志》

（3）SB/T 11094《中药材仓储管理规范》

（4）SB/T 11095《中药材仓库技术规范》

（5）《中药材商品规格等级通则》

3. 术语和定义

下列术语和定义适用于本文件。为了便于使用，以下重复列出了某些术语和定义。

（1）三七　本标准所规定三七为五加科植物三七*Panax notoginseng*（Burk.）F. H. Chen的干燥根和根茎。多于秋季采挖，洗净，分开主根、支根及根茎，干燥。

（2）三七规格　三七药材在流通过程中用于区分不同交易品类的依据。

（3）三七等级　在三七药材各规格下，用于区分三七品质的交易品种的依据。

（4）春七　为开花前采挖或打掉花蕾未经结籽采挖的三七，根较饱满，体重色好，产量、质量均佳，习称"春七"。

（5）冬七　开花结籽后采挖的三七，根较泡松，质次之，习称"冬七"。

（6）头　每500g三七的个体数。

（7）筋条　以三七较粗的支根条而入药者，习称"筋条"。

（8）剪口　三七的根茎（芦头）部分，习称"剪口"。

（9）抽沟　冬七由于质地轻泡，经干燥后表面形成的纵向沟纹。

4. 规格等级

表5-1 三七商品规格等级划分表

规格		等级	性状描述	
			共同点	区别点
主根	春七	20头	干货。种植年限在3年及以上。呈圆锥形或圆柱形，长1～6cm，直径1～4cm。表面灰褐色（俗称“铁皮”）或灰黄色（俗称“铜皮”），有断续的纵皱纹和支根痕。顶端有茎痕，周围由瘤状突起（俗称“狮子头”）。体重，质坚实（俗称“铜皮铁骨”）。断面灰绿色、黄绿色（俗称“铁骨”），木部微呈放射状排列（俗称“菊花心”）。气微，味苦回甜。无杂质、虫蛀、霉变	每500g 20头以内，长不超过6cm
		30头		每500g 30头以内，长不超过6cm
		40头		每500g 40头以内，长不超过5cm
		60头		每500g 60头以内，长不超过4cm
		80头		每500g 80头以内，长不超过3cm
		120头		每500g 120头以内，长不超过2.5cm
		无数头		每500g 120～300头以内，长不超过1.5cm
		等外		每500g 300个以上
	冬七	20头	干货。种植年限在3年以上。表皮灰黄色，有皱纹或抽沟（拉槽）。不饱满，体轻泡。断面黄绿色，菊花心不明显。无杂质、虫蛀、霉变	每500g 20头以内，长不超过6cm
		30头		每500g 30头以内，长不超过6cm
		40头		每500g 40头以内，长不超过5cm
		60头		每500g 60头以内，长不超过4cm
		80头		每500g 80头以内，长不超过3cm
		120头		每500g 120头以内，长不超过2.5cm
		无数头		每500g 120～300头以内，长不超过1.5cm
		等外		每500g 300个以上
筋条			干货。呈圆柱形或圆锥形；表面灰黄色或黄褐色；质坚实、体重。断面灰褐色或灰绿色；味苦微甜。长2～6cm，上端直径不低于0.8cm，下端直径不低于0.5cm。无杂质、虫蛀、霉变	
剪口			干货。呈不规则皱缩块状或条状，表皮有数个明显的茎痕及环纹。断面中心呈灰绿色或白色，边缘颜色加深。无杂质、虫蛀、霉变	

5. 要求

应符合通则中其他要求项下相关规定。

第6章

三七现代研究与应用

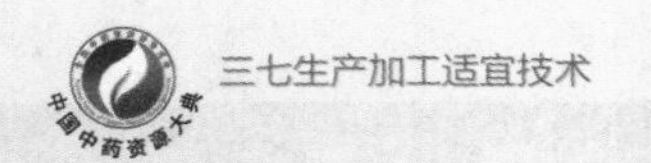

一、化学成分

三七是我国成分清楚、疗效明确的中药材品种，也是化学成分研究最为系统的品种之一。现代研究表明，三七化学成分众多，主要含有皂苷类、黄酮类、萜类、挥发油类、氨基酸类、多糖类等。

（一）皂苷类成分

皂苷类成分是三七的主要功效成分，是衡量三七内在质量优劣的重要标准。根据现行的2015年版《中国药典》规定，三七药材（根和根茎）采用高效液相色谱法测定，人参皂苷Rg_1、人参皂苷Rb_1及三七皂苷R_1的总量不得少于5.0%。迄今为止，已从三七的不同部位分离得到皂苷类成分110多种，其中大多数为达玛烷型四环三萜皂苷，分为原人参二醇型与原人参三醇型两大类。但三七中未曾发现含有齐墩果烷型皂苷，而齐墩果烷型皂苷在人参、西洋参中可见，这是其与同属植物人参和西洋参的显著区别。三七的根、剪口、茎叶、花中均含有皂苷类成分。三七主根作为主要用药部分，皂苷含量为7%左右。单体皂苷以人参皂苷Rg_1、Rb_1、Rd 、Re和三七皂苷R_1为主，含量占总皂苷的80%左右。三七茎叶总皂苷含量为4%～6%，所含的单体皂苷主要是20（*S*）–原人参二醇型皂苷，几乎不含有原人参三醇型皂苷，这是三七茎叶皂苷与三七根皂苷的最大不同点。

达玛烷型四环三萜皂苷C-20有R和S两种构型，大多为S构型。根据达玛烷型四环三萜C-6位上是否有羟基，将其分为两类：原人参二醇型（protopanaxadiol）和原人参三醇型（protopanaxatriol）。

（二）黄酮类成分

黄酮类成分是一类具有C_6-C_3-C_6基本母核的天然产物，广泛存在于自然界中。三七总黄酮是三七有效活性成分之一，具有降血脂、改善血液微循环的作用。从三七中分离得到槲皮素（quercetin）、山柰酚（kaempfero1）两种黄酮醇类成分。从三七茎叶中分离得到了8种黄酮类成分，分别为槲皮素-3-*O*-槐糖苷（quercetin-3-*O*-sophorosid）、甘草素（liquiritigenin）、芹糖甘草苷（liquiritin apioside）、槲皮素（quercetin）、槲皮素-3-*O*-*β*-D-半乳糖葡萄糖苷［quercetin-3-*O*-（2″-*β*-D-glucopyranosyl-*β*-D-galactopyranoside）］、山柰酚（kaempferol）、山柰酚-3-*O*-*β*-D-半乳糖葡萄糖苷［kaempferol-3-*O*-（2″-*β*-D-glucopyranosyl-*β*-D-galactopyranoside）］、山柰酚-3-*O*-*β*-D-半乳糖苷（kaempferol-3-*O*-*β*-D-galactoside）、山柰酚-7-*O*-*α*-L-鼠李糖苷（kaempferol-7-*O*-*α*-L-rhamnoside）。

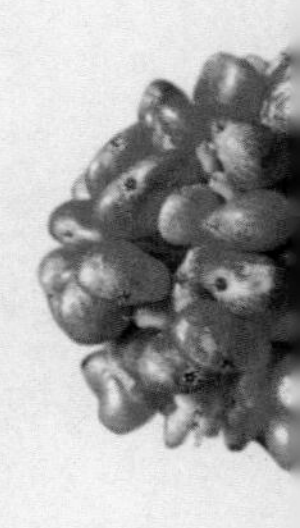

（三）三萜及甾体类成分

目前从三七茎叶、花、剪口和主根等不同部位中均分离得到了三萜类化合物，主要有羽扇豆醇（lupeol）、16*β*-羟基羽扇豆醇（16*β*-hydroxy-lupeol）、20

（*R*）-原人参二醇［20（*R*）-protopanaxadiol］、20（*R*）-原人参三醇［20（*R*）-protopanaxatriol］、6-acetyl-20（*S*）-panaxatriol、三七皂苷元A（sapogenin A）、6α-羟基-三七皂苷元（6α-hydroxy-sapogenin A）、达玛烷-20（22）-烯-3*β*，12*β*，25-三醇［dammarane-20（22）-en-3*β*，12*β*，25-triol］、20（*S*）-25-甲氧基-达玛烷-3*β*，12*β*，20-三醇［20（*S*）-25-methoxyl-dammarane-3*β*，12*β*，20-triol］、20（*R*）-达玛烷-3*β*，12*β*，20，25-四醇［（20*R*）-dammarane-3*β*，12*β*，20，25-tetraol］、20（*R*）-达玛烷-3*β*，6*α*，12*β*，20，25-五醇［（20*R*）-dammarane-3*β*，6*α*，12*β*，20，25-tetraol］等。

此外，从三七种子、主根中分离得到了*β*-谷甾醇（*β*-sitosterol）、豆甾醇（stigmasterol）和胡萝卜苷（daucosterol）等。

（四）挥发油及油脂类成分

目前从三七叶、花、主根中分离鉴定出的挥发油类的化合物主要有酮、烯烃、环烷烃、倍半萜类、脂肪酸酯、苯取代物及萘取代物。三七挥发油具有轻微的消毒、杀菌作用，对局部有刺激作用，其中*β*-榄香烯具有抗癌作用。通过GC-MS方法对三七根部进行了挥发油的化学成分研究，结果见表6-1。

表6-1　三七根中挥发性类化学成分

No.	名称	分子式	分子量
1	依兰油烯 muurolene	$C_{15}H_{24}$	204
2	莎草烯 cyperene	$C_{15}H_{24}$	204
3	α-榄香烯 α-elemene	$C_{15}H_{24}$	204
4	杜松烯 cadiene	$C_{15}H_{24}$	204
5	δ-杜松烯 δ-cadiene	$C_{15}H_{24}$	204
6	α-古芸烯 α-gurjunene	$C_{15}H_{24}$	204
7	α-愈创木烯 α-guaiene	$C_{15}H_{24}$	204
8	2，6-二叔丁基-4-甲基苯酚 2，6-ditert-butyl-4-methylphenol	$C_{15}H_{24}O$	220
9	2，8-二甲基-5-乙酰基-双环［5，3，0］癸二烯-1，8 2，8-dimethyl-5-acteyl-bicycle［5，3，0］decadiene-1，8	$C_{14}H_{20}O_2$	220
10	十六酸甲酯 methyl hexadecanoate	$C_{17}H_{34}O_2$	270
11	十六酸乙酯 palmitic acid ethyl ester	$C_{18}H_{36}O_2$	284
12	十八碳二烯酸甲酯 methyl octadecadienoate	$C_{19}H_{34}O_2$	294
13	十八碳二烯酸乙酯 octadecadienoic acid ethyl ester	$C_{20}H_{36}O_2$	308
14	邻苯二甲酸二异辛酯 di（2-ethylhexyl）phthalate	$C_{24}H_{38}O_4$	390
15	邻苯二甲酸二叔丁酯 DBP	$C_{16}H_{22}O_2$	278

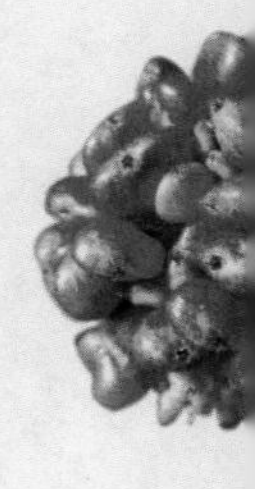

续表

No.	名称	分子式	分子量
16	乙酸 acetic acid	$C_2H_4O_2$	60
17	庚酸 heplanoic acid	$C_7H_{14}O_2$	130
18	辛酸 octanoic acid	$C_8H_{16}O_2$	144
19	壬酸 nonanoic acid	$C_9H_{18}O_2$	154
20	十六酸 palmitic acid	$C_{16}H_{32}O_2$	256
21	异丙基苯 isopropylbenzene	C_9H_{10}	118
22	苯乙酮 acetophenone	C_8H_8O	120
23	1-甲乙醚基苯 1-methoxthyl-benzene	$C_9H_{12}O$	136
24	2-酮基-壬烯-3 2-one-nonene-3	$C_9H_{16}O$	140
25	2，2，2-三羟乙基乙醇 2，2，2-ttriethoxyl-ethanol	$C_8H_{18}O_4$	178
26	1-甲基-4-异丙基环己烷 1-methyl-4-isopropyl- cyclohexane	$C_{10}H_{20}$	140
27	十四烷 tetradecane	$C_{14}H_{18}O$	202
28	十九烷 nonadecane	$C_{19}H_{40}$	268

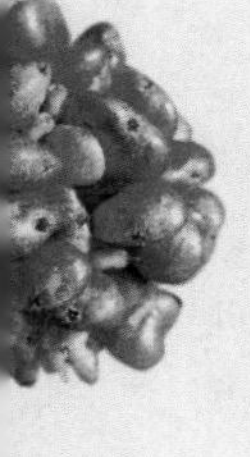

通过GC-MS方法从三七花中分离出过百种成分，已鉴定结构的超过50种，这些成分受产地、采收季节、提取方法、分析方法等多种因素的影响。就目前

研究表明，γ–杜松烯、δ–杜松烯、别香橙烯、α–愈创烯、β–愈创烯、α–古芸烯、β–榄香烯、α–橙椒烯、β–橙椒烯、α–胡椒烯、石竹烯、棕榈酸及其酯类成分在花中的分布较为普遍。而匙叶桉油烯醇、双环吉马烯、双环榄香烯及次成分如异匙叶桉油烯醇、喇叭茶醇、β–木香醇、α–橙花叔醇、α–紫穗槐烯、β–蛇床烯等成分受外在条件影响，在分离中不易同时获得。

同样通过GC–MS方法对三七叶进行了挥发油的化学成分研究，鉴定了60多种成分，包括戊醛、已醛、糠醛、已烯醛、丁基环丁烷、庚醛、呋喃乙酮、1–乙基–2–甲基环丙烷、α–蒎烯、苯甲醛、5–甲基糠醛、已酸、β–蒎烯、2–辛酮、辛醛、2，4–庚二烯醛、1–甲基–5–异丙烯基环已烯、苯甲醇、间甲酚、γ–已内酯、2–乙酰基吡咯、环戊烯、2，6–二甲基环已醇、β–苯乙醇、3–乙基–2，4–戊二烯醇、辛酸、对氯苯酚、2–羟基肉桂酸、异蒲勒酮、1，4，5–三甲基–5，6二氢化萘、1，4，6–三甲基–1，2，3，4–四氢化萘、古巴稀、3，4–二氯苯胺、萜品油烯、大根香叶烯、别香树烯、3′，5′–二甲氧基乙酰苯、γ–杜松烯、十五烷、2，6–二叔丁基对甲基苯酚、（2，6，6–三甲基–2–羟基环亚甲基）乙酸内酯、月桂酸、斯巴醇、环氧化石竹烯、10–甲基十九烷、喇叭茶醇、1，6–二甲基–4–异丙基萘、2，3–二氯苯胺、十四酸、六氢化法尼基丙酮、9–庚基–9–硼二环［3.3.1］壬烷、（2*E*，6*E*）–3，7，11–三甲基–2，6，10–十二碳三烯醇、14–甲基十五酸甲酯、5–十八炔、1，3–环辛二烯、棕榈酸、棕榈酸乙酯、十七

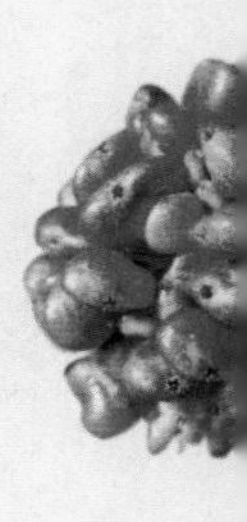

酸、9，12–十八碳二烯酸甲酯、N–（3，5–二氯苯基）–1，2–二甲基–1，2–环丙烷二甲酰亚胺、植物醇、亚油酸、亚麻醇、亚油酸乙酯、4，8，12，16–四甲基十七碳–4–内酯、邻苯二甲酸二异辛酯、十七烷、十八烷、二十一烷等成分。

（五）多糖类成分

多糖（polysaccharides）来自于高等植、动物细胞膜和微生物细胞壁中。到目前为止，已从天然产物中分离提取出300多种多糖类物质，如三七多糖、虫草多糖、香菇多糖、茶叶多糖、天麻多糖、枸杞多糖、海藻多糖等，它们对改善机体代谢状况和维持人体健康具有特别重要的意义。目前三七多糖的免疫生物活性引起广泛的关注，越来越多的科学工作者致力于三七多糖的化学和药理活性研究中。从三七中分离得到多种多糖成分：sanchinan A，PF3111，PF3112，PBGA11和PBGA12。从三七花中提取了多糖PNF Ⅰ，PNF Ⅱ和PNF Ⅲ。

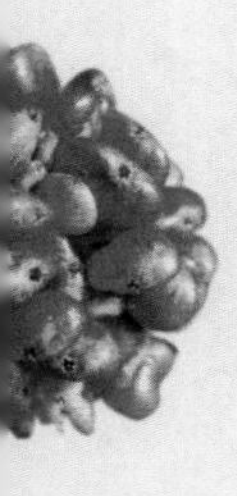

（六）氨基酸

三七中氨基酸种类有19种以上，其中包括8种人体必需的氨基酸，三七对人体的营养氨基酸补充十分有益。三七素是三七含有的一种特殊的氨基酸，具有止血的活性，其结构为β–N–乙二酸酰基–L–α，β–二氨基丙酸（β–N–L–ODAP）（图6–1）。据研究表明人参属的多种药材均含有三七素，以三七含量最高（0.90%），人参次之（0.50%），西洋参最低（0.31%）。目前提取三七素方法主要是采用水提，得到三七素粗提物，后经阳离子交换树脂柱层析，得到三七素。现代药理实验表明，三七素能够使小鼠的凝血时间缩短，又能够使小鼠的血小板数量增加显著。其止血作用机制是通过机体代谢，诱导血小板释放出凝血物质，从而达到快速止血目的。三七中另一种重要的氨基酸为γ-氨基丁酸（GABA）（图6-2），研究表明三七中GABA主要分布在地上部分，而在其主根中未有发现。三七茎叶中GABA含量为0.30%～0.70%，三七花中为0.41%～0.60%。现今GABA制备方法主要有化学合成法、微生物发酵法和植物富集法，而三七茎叶中提取GABA的方法为植物富集法，提取率为0.46%。GABA作为神经递质，具有诸多生理功能，如调节血压与心率、治疗神经退行性疾病、保肝利肾、抗衰老、促进生长激素分泌、预防肥胖等功效。

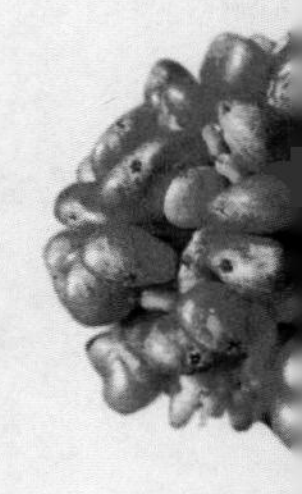

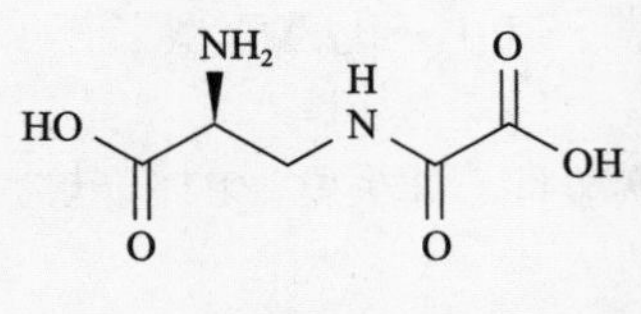

图6-1　三七素的化学结构

H_2N COOH

图6-2　γ-氨基丁酸的化学结构

二、药理作用

根据2015年版《中国药典》记载，三七功能主治为散瘀止血，消肿定痛。用于咯血，吐血，衄血，便血，崩漏，外伤出血，胸腹刺痛，跌扑肿痛。现代药理结果表明，三七对心脑血管系统、血液系统、神经系统等疾病具有一定的疗效。

（一）对心脑血管系统的影响

1. 抗心肌缺血

心肌缺血再灌注损伤可引起心肌细胞凋亡。三七总皂苷（PNS）对心肌缺血再灌注损伤具有保护作用。通过酶学、形态学、组织免疫化学等观察，PNS能够明显减少心肌细胞坏死和凋亡，对缺血再灌注心肌起到保护作用。进一步研究发现PNS能抑制中性粒细胞内核因子的活化，减少细胞间黏附因子表达及中性粒细胞浸润从而起到保护心肌作用。

2. 抗心律失常

三七总皂苷能明显改善缺氧和再供氧对心肌细胞电效应的影响，从而提高心肌细胞耐缺氧能力和对抗再供氧造成的损害。其中三七三醇型皂苷（PTS）能明显对抗乌头碱、$BaCl_2$和肾上腺素诱发的实验性心律失常。PTS能够减慢大鼠心率，延长P-R和Q-Tc间期；减慢离体豚鼠右房自发频率；使异丙肾上腺素加速右房自发频率的量效-曲线右移并抑制最大效应。

（二）对血液及造血系统的作用

1. 止血、活血作用

《玉楸药解》记载三七能“和营止血，通脉行瘀，行瘀血而敛新血”，说明三七既活血，又止血。三七誉为“止血神药”，如“云南白药”就是以三七为主要原料，它散瘀血，止血但不留瘀，对出血兼有瘀滞者较为适宜。三七的止血活性成分之一是三七素，其止血作用主要是通过增加血小板数量、增强血小板功能来实现。

世界卫生组织曾发布报告指出，心脑血管疾病是全球第一大死亡原因，心脑血管疾病是一种严重威胁人类，特别是中老年人健康的常见病。大量的临床研究表明，三七能有效预防和治疗心脑血管系统疾病。现在市场上的“血塞通”“血栓通”之类的药品就是用三七的提取物做成的现代中药制剂。“血塞通”可改善微循环及血液流变学指标，起到活血化瘀的作用。“血塞通”“血栓通”已经成为我国临床使用最大的心脑血管疾病用药品种之一。

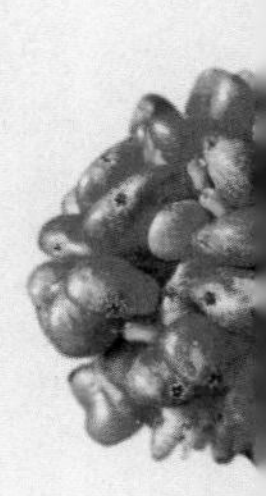

2. 补血作用

三七具有“生打熟补”的功效，“生”是指生三七，“打”是指三七具有散瘀消肿的功效，“熟”是指熟三七，“补”是指三七具有补血功效。通过研究熟三七对环磷酰胺所致血虚小鼠的治疗作用，结果表明熟三七可通过促进骨髓细胞增殖而达到补血的功效。

（三）对神经系统的作用

1. 镇痛、镇静作用

三七具有镇痛功效，研究表明PNS和人参皂苷Rb_1对乙酸和热刺激性引起的

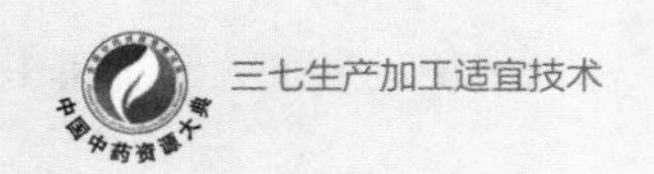

疼痛均有明显的镇痛作用，其中PNS可能是阿片样肽受体的激动剂而不具有成瘾副作用。

PNS能减少动物的自主活动，表现出明显的镇静作用。PNS通过抑制Ca^{2+}依赖性Glu释放而实现其对中枢神经系统的抑制作用。从三七叶中提取的总皂苷同样具有很好的镇静催眠作用，市售中成药“七叶神安片”具有益气安神，活血止痛功效。用于治疗心气不足，心血瘀阻所致的心悸、失眠、胸痛、胸闷。

2. 改善学习记忆及增智作用

PNS能够提高痴呆模型大鼠脑皮质内多巴胺（DA）、去甲肾上腺素（NE）和5-羟色胺（5-HT）的含量，能改善痴呆模型大鼠的学习记忆能力。同时，对东莨菪碱致学习记忆障碍小鼠进行跳台及“Y”型迷宫行为学检验，发现PNS有明显的改善作用，可抑制小鼠脑内乙酰胆碱酯酶（AChE）活性。

（四）保肝作用

三七对CCl_4及缺血再灌注致急性肝损伤均具有保护作用。PNS可以显著降低CCl_4肝损伤小鼠血清谷氨酸氨基转移酶活性。大鼠移植肝缺血再灌注时刺激NF-κB的活化，启动ICAM-1的表达参与肝脏缺血-再灌注损伤的发生过程，PNS能显著降低再灌注时供肝组织中炎症介质的转录表达，并有效改善供肝的再灌注损伤。同时PNS可提高肝组织及血清超氧化物歧化酶的含量，也能显著的减少肝糖原的消耗，改善肝脏微循环。

此外，PNS对抗肝纤维化也是三七的主要作用。PNS能够改善二甲基亚硝胺（DMN）所致肝纤维化大鼠肝功能，降低血清透明质酸含量，改善肝纤维化。PNS对四氯化碳（CCl_4）诱导的大鼠肝纤维化具有一定的保护作用，其机制可能与上调基质金属蛋白酶（MMP）-13，抑制基质金属蛋白酶抑制因子（TIMP）-1的表达，促进胶原降解有关。

（五）抗肿瘤作用

研究表明PNS和部分三七单体皂苷在抗肿瘤方面具有的多种活性，如直接抑制肿瘤细胞、促肿瘤细胞凋亡、诱导肿瘤细胞分化、逆转肿瘤细胞多药耐药、抗肿瘤转移等作用。PNS可通过直接杀死肿瘤细胞，抑制肿瘤细胞生长或转移，诱导肿瘤细胞凋亡，诱导肿瘤细胞分化使其逆转，逆转肿瘤细胞多药耐药，增强和刺激机体免疫力功能等多种方式起到抗肿瘤作用。三七单体皂苷Rg_1对体细胞和生殖细胞的DNA损伤均有保护作用，对小鼠移植性肿瘤也有一定的抑瘤作用。三七皂苷R_1也可显著诱导HL-60细胞凋亡，其作用机制可能是通过线粒体通路促进细胞的凋亡。

三、现代应用

目前，2015年版《中国药典》中记载的三七复方制剂有95种，其中片剂22

种，胶囊剂37种，颗粒剂13种，散剂4种，贴膏剂2种，丸剂9种，气雾剂2种，合剂4种，搽剂2种（表6-2）。此外，《中药成方制剂》记载的三七复方制剂有25种，如三七化痔丸、复方三七散、参三七伤药、三七活血丸、田七补丸、三七花冲剂、景天三七糖浆、参三七伤药片、三七止血片、三七药酒、参茸三七补血片、参三七伤药散、三七伤科片、三七伤科散、三七丹参颗粒、三七冠心宁片、三七冠心宁胶囊、复方三七口服液、三七血伤宁胶囊、三七血伤宁散、熟三七片、生三七散、参茸三七酒、三七片、三七蜜精。

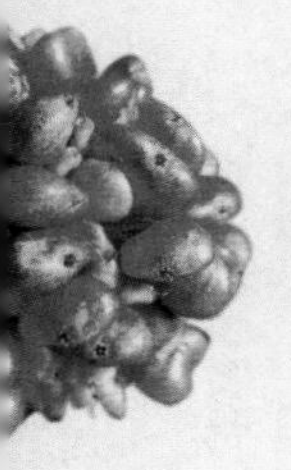

表6-2　2015年版《中国药典》中记载的三七复方制剂

编号	剂型	种类	
1	片剂	22	三七片、三七伤药片、七叶神安片、止血定痛片、片仔癀、丹七片、心可舒片、伤科接骨片、妇康宁片、乳癖消片、胃康灵片、心宁片、复方丹参片、保心片、独圣活血片、活血通脉片、冠心丹参片、脑得生片、消栓通络片、舒胸片、新癀片、稳心片
2	胶囊剂	37	天紫红女金胶囊、九味肝泰胶囊、三七伤药胶囊、三七血伤宁胶囊、三七通舒胶囊、羊藿三七胶囊、云南白药胶囊、心舒胶囊、芪参胶囊、沈阳红药胶囊、乳癖消胶囊、春血安胶囊、珍黄胶囊、胃乃安胶囊、胃康灵胶囊、胃康胶囊、骨刺宁胶囊、复方两参胶囊、复方龙血竭胶囊、复方血栓通胶囊、活血止痛胶囊、冠心丹参胶囊、致康胶囊、脑脉泰胶囊、脑得生胶囊、消栓通络胶囊、银丹心脑通软胶囊、康尔心胶囊、散结镇痛胶囊、舒胸胶囊、滋心阴胶囊、腰痹通胶囊、豨莶通栓胶囊、稳心胶囊、醒脑再造胶囊、麝香抗栓胶囊、麝香脑脉康胶囊
3	颗粒剂	13	三七伤药颗粒、乳癖消颗粒、胃康灵颗粒、复方丹参颗粒、宫宁颗粒、脑得生颗粒、消栓通络颗粒、痔炎消颗粒、颈舒颗粒、颈痛颗粒、舒胸颗粒、滋心阴颗粒、稳心颗粒
4	散剂	4	大七厘散、云南白药、活血止痛散、跌打活血散
5	贴膏剂	2	红药贴膏、麝香痔疮栓

续表

编号	剂型	种类	
6	丸剂	9	抗栓再造丸、灵宝护心丹、金佛止痛丸、定坤丹、复方用参丸、复方丹参滴丸、脑得生丸、益心丸、豨莶通栓丸
7	气雾剂	2	复方丹参喷雾剂、麝香祛痛气雾剂
8	合剂	4	恒古骨伤愈合剂、冠心生脉口服液、滋心阴口服液、镇心痛口服液
9	搽剂	2	麝香祛痛搽剂、麝香舒活搽剂
总计		95	

第7章

三七资源的综合开发利用

一、三七资源的开发利用历史及前景

（一）三七保健作用

三七不仅用于防治多种疾病，其应用范围现已扩展到抗衰老、养生保健等多方面。2015年10月28日，云南省食品药品监督管理局公开发布《云南省食品药品监督管理局关于修订三七超细粉等三七系列饮片标准功能主治的通知》（云食药监注（2015）42号），将三七系列饮片的功能主治项由原来的“散瘀止血，消肿定痛。用于咯血，吐血，衄血，便血，崩漏，外伤出血，胸腹刺痛，跌扑肿痛”扩展修订为“散瘀止血，消肿定痛，益气活血。用于跌扑肿痛、内外出血、气虚血瘀、脉络瘀阻、胸痹心痛、中风偏瘫，气虚体弱；软组织挫伤、出血性疾病、高血压、冠心病、脑卒中、高脂血症、糖尿病血管病变、免疫功能低下见上述证候者”，标志着三七功能主治的扩展受到了认可。

1. 三七补益作用

《本草纲目拾遗》记载“人参补气第一，三七补血第一”。云南民间一直有将三七作为补益药用的传统。一般出现身体虚弱、气血不足、面色苍白、头昏眼花、四肢乏力、食欲不振等症时，人们就以三七炖鸡作食疗或以熟三七吞服，服用后往往使人精神好转，四肢有力，饮食增进，睡眠改善。三七具有补益的有效成分为人参二醇、人参三醇。三七在耐缺氧、抗衰老、提高机体免疫力方面，三七皂苷的作用优于人参皂苷；在抗疲劳、降血糖方面两者具有相同的作用，相似的强度。三七的补益作用在外伤科病证的治疗上除了止血、散瘀、消肿、定痛之功能有效地消除外伤引起的出血、瘀血、肿胀、疼痛等症状外，它的补益之功则能扶助人体正气，增加机体对不良刺激的抵抗力，从而有助于战胜伤痛，提早康复。

中华人民共和国卫生部2002年下发的《既是食品又是药品的物品名单》，明确三七可用于保健食品开发。目前保健食品可开发功能为27个，我国共批准保健食品15 000多个。获国家食品药品监督管理总局批准的含三七类保健食品共有140个左右，功能范围涉及缓解体力疲劳、提高缺氧耐受力、对化学性肝损伤有辅助保护功能、增强免疫力、对辐射危害有辅助保护功能、辅助降血脂、辅助降血压、延缓衰老、改善胃肠功能、美容、减肥、抗氧化、改善营养性贫血、增加骨密度等16种功能。

2. 三七养生保健

《中国药膳学》《常用老年保健中药》等文献均刊载了含三七成分的药膳方剂。2004年，范昌编著《三七药膳精粹》一书，目前仅以一种药材编撰成药膳的书籍在国内是很少的。该书收录传统三七药膳方剂193个，每个方剂均在来源栏里注明该方的出处，有部分方剂名称相同，但来源、原料配方、制作方法、功效主治等不尽相同，对推动三七养生保健发挥了积极作用。

（二）三七地下部新食品原料的开发研究

2017年，云南省文山州政府委托文山学院三七学院制定三七须根的云南省食品安全地方标准。说明三七地下部作为普通食品原料开发又迈出了关键的一步。这是继三七茎叶、花之后对在云南省具有长期传统食用习惯且未列入《中国药典》的生物资源开发利用的再次探索尝试，该标准的制定将有力促进三七为原料的普通食品开发及其产业的全面发展。

（三）三七养生保健前景

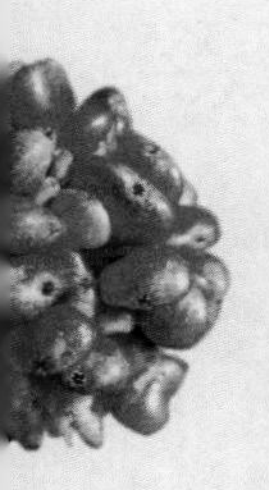

随着市场经济的发展和人民文化生活、经济收入不断地提高，三七养生保健已逐渐成为人们日常生活中健身强体、防病治病的首选，越来越受到青睐。特别是近年来，由于化学药物的副反应（依赖性、成瘾性）、现代病（肥胖病）、富贵病及三高（高血脂、高血压、高血糖）人群、医源性疾病及药源性疾病的大量出现，人们要求“回归大自然”“返朴归真”的呼声日益增大。因此药膳、中药保健食品的发展越来越受到重视。随着市场经济的蓬勃发展，人民群众自我保健意识的增强，三七养生保健的应用普及将与时俱进，它必定成为人们防病和日常生活中保障健康、养生防老的首选，也将释放出巨大的市场空间。

（四）三七地上部资源开发利用

三七的食用历史与其种植历史一样源远流长，可追溯到400多年前。2017

年，随着云南省食品安全地方标准《干制三七花》和《干制三七茎叶》2个标准的颁布实施，标志着三七地上部分进入食品领域。但当前对三七茎叶、花资源综合利用研究很少，产品还比较单一。以茎叶为例，每年采收三七茎叶2000万斤，但仅有5%的茎叶资源被利用。目前三七系列产品走销东南亚、南亚多个国家，同时也在欧美国家正式成立了营销机构，这都进一步加快了三七的国际化步伐。因此对三七茎叶、花进行一系列的开发与研究，不仅可以降低三七资源浪费，还可以拉动经济增长。

1. 三七茎叶、花的食用习俗

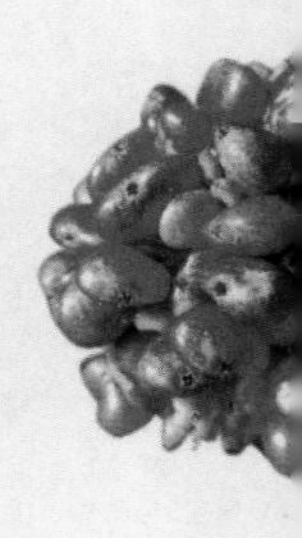

三七茎叶为三七的干燥茎叶，于秋季采收，晾干或烘干后可供使用；三七花为三七花序的干燥品，三七花又称田七花、山漆花、参三七花、金不换花，每年6～8月间采摘晒干备用。《生草药性备要》称三七茎叶味辛，治折伤跌扑出血，敷之即止，青肿经夜即散，余功同根；三七花甘、凉，清热、平肝、降压，常用于治疗高血压、头昏、目眩、耳鸣、急性咽喉炎等。自古以来，云南当地的壮族、苗族民间有用三七茎叶、花制作菜肴以及将其泡茶饮用的习惯。三七花因含有皂苷特有的甘味而受到许多消费者的喜爱，民间常常使用三七花配伍其他茶叶、花茶而制成不同口感的花茶，而三七花糕、三七花藕粉、三七花菜肴等也被相继开发。近年来，一些生产企业以三七茎叶、花为原料加工各种食品、饮料、化妆品以及保健食品。到目前为止，民间尚无因食用三七茎

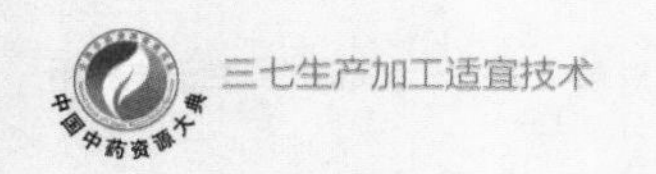

叶、花而产生毒副作用以及相关不良反应的报道。

2. 三七茎叶、花的安全性研究

三七茎叶与花中的皂苷类成分也为其指标性化学成分，目前已有研究对皂苷类的毒理性进行了研究。在三七叶总皂苷的毒性研究中，通过急性毒性试验，刺激性试验，对家兔犬的血压呼吸心率心电图的影响的试验，对小肠作用的试验以及亚急性毒性试验，发现三七叶总皂苷毒性极低及安全范围较大且能提供临床长期用药。高明菊等在对三七茎叶的毒理性研究中发现，三七茎叶的LD_{50}＞10g/kg BW，并未发现动物中毒症状，属实际无毒；骨髓嗜多染红细胞微核实验、小鼠精子畸形试验、Ames试验实验结果均为阴性；90天喂养试验、致畸试验对大鼠的生长发育并未产生毒副作用。试验结果表明，三七茎叶属于无毒物质，在测试摄入量范围内，食用安全。

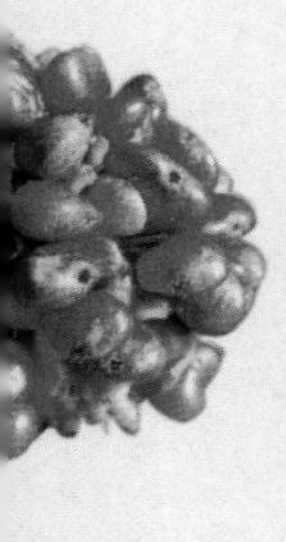

杨明晶等对三七花苷毒理安全性进行了研究，通过小鼠经口急性毒性试验，鼠伤寒沙门菌/回复突变试验（Ames试验），骨髓嗜多染红细胞微核试验以及小鼠精子畸形试验、90天喂养试验，经口急性毒性试验，结果为LD_{50}＞15g/kg；Ames试验、小鼠骨髓嗜多染红细胞微核和小鼠精子畸形试验结果均为阴性；90天喂养试验中体重和食物利用率、血液学指标均无异常，生化指标在正常值范围内，未见大鼠器官组织病理学改变。结论为三七花苷不具有毒性作用。

3. 三七地上部分新食品原料的应用前景

自古以来，云南民间就有食用三七茎叶、花的习惯，并且制定了一系列的食谱，如以三七茎叶为辅料的三七汽锅鸡、三七花炖鹌鹑、三七花煮鹅肝汤、三七花炒肉、三七花茄汁香蕉等。随着人们对三七茎叶、花研究的深入，其类似于三七的保健功效也为大众所知，因此三七茎叶、花作为养生食材也越来越受到大众的追捧。相信不久的将来，三七茎叶、花食材可以走出云南，面向全国甚至全世界。

中国是茶的故乡，是世界上最早发现茶树、利用茶叶和栽培茶树的国家。茶被人类发现和利用，大约有四五千年的历史。而云南民间将三七茎叶、花开发为茶饮品也可追溯到400年前，目前以三七茎叶为原材料的茶饮品有杜仲明珠茶（以三七茎叶、杜仲为原料）、三七保健茶、齐氏三七茶等，以三七花为原材料的茶饮品有三七花茶等。因此三七茶拥有巨大的潜力，走进全国进而迈向全世界。

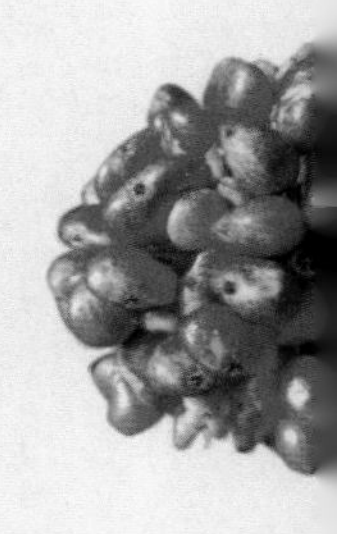

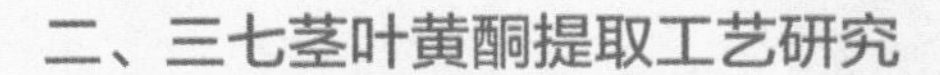

二、三七茎叶黄酮提取工艺研究

三七茎叶中提取出的主要药效成分有三七叶总皂苷及黄酮苷，总皂苷占总成分的4%～6%，总黄酮占总成分的0.54%～2.49%。三七茎叶中黄酮类成分是仅次于三七叶苷类的第二丰富有效活性物质，具有改善血液微循环的作用，可以降低心率、血压，增加冠状动脉流量，保护心脏。因此，如果能够高效提取三七茎叶中黄酮，进而为化妆品、保健品及制药工业提供原料具有重大意义。

表面活性剂广泛应用于有效成分的辅助提取中。其可以增加提取效率，缩短提取时间，增大不易溶于水的有效成分在水中的溶解度，减少有机溶剂的使用，降低成本，在提取过程当中可以优化目标组分，提高有效成分的纯度，而且应用在提取领域当中的表面活性剂大多无毒无害，刺激性小，对水体的污染少，安全环保，并且较易处理。宫坤等利用表面活性剂辅助提取石榴叶中黄酮，发现其能显著提高石榴叶中黄酮含量。董树国等利用表面活性剂辅助提取桑叶总黄酮，结果表明不同种类活性剂均使总黄酮提取率显著增加。因此，本节主要介绍崔秀明团队采用表面活性剂辅助提取茎叶的研究成果，以期为三七茎叶产品的深度开发和资源利用，并减少农业废弃物的排放提供参考。

1. 提取工艺对三七茎叶总黄酮得率的影响

（1）表面活性剂种类对三七茎叶总黄酮得率的影响　控制液料比为15：1（V/W），乙醇含量为40%，除空白外，分别加入1.5%的不同表面活性剂（表7–1），在80℃，超声浸提40分钟后，测定提取液总黄酮含量，其结果见图7–1。由图可知，表面活性剂均能提高三七茎叶总黄酮提取率，以加入SDS提取的总黄酮得率最高。与空白相比，SDS和吐温-20显著增加了12.8%和9.9%。不同表面活性剂处理条件下，总黄酮提取率从高到低依次为SDS＞吐温-20＞ Triton x-100＞吐温-80＞司盘-20。

表7-1　表面活性剂类型

表面活性剂	SDS	Triton x-100	吐温-20	吐温-80	司盘-20
HLB	40	14.6	16.7	15	8.6
类型	阴离子型	非离子型	非离子型	非离子型	非离子型

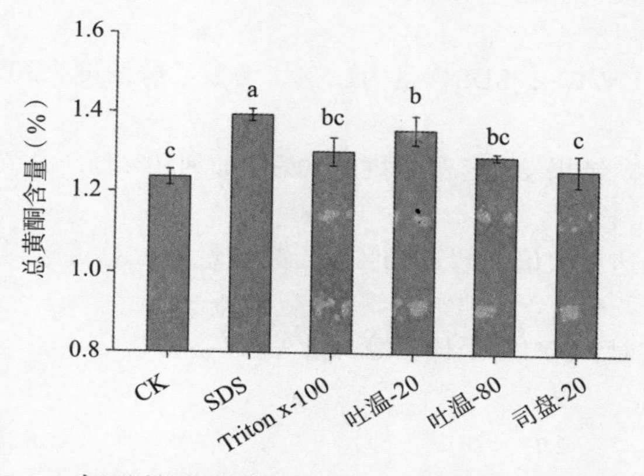

图7-1　表面活性剂种类对三七茎叶总黄酮提取率的影响

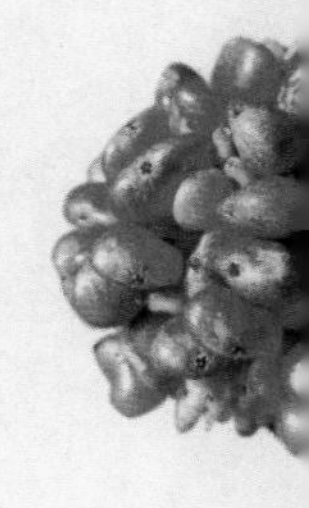

（2）提取时间对三七茎叶总黄酮含量的影响　控制条件液料比为15：1（V/W），乙醇含量为40%，SDS含量为1.5%，考察在超声提取时间为10～60分钟时三七茎叶总黄酮含量。由图7-2可知，随提取时间的延长，总黄酮提取效率升高，提取时间从50～60分钟，黄酮含量变化不大，在60分钟时提取率达1.61%。

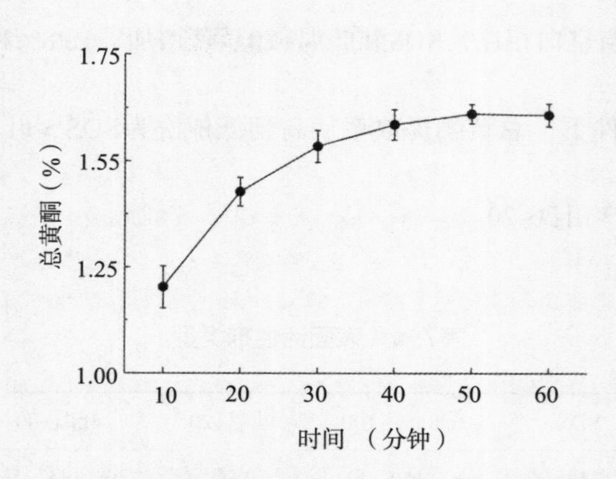

图7-2 提取时间对三七茎叶总黄酮含量的影响

（3）乙醇浓度对三七茎叶总黄酮含量的影响 控制超声提取时间40分钟，液料比为15：1（V/W），SDS含量为1.5%，考察乙醇浓度为30%～90%时三七茎叶总黄酮含量。结果发现乙醇浓度从30%增加到50%时，总黄酮含量由1.22%增加至1.51%，达最大值，超过50%的乙醇含量后，总黄酮得率降低。因此，在其他条件一定时，50%为最佳乙醇含量（图7-3）。

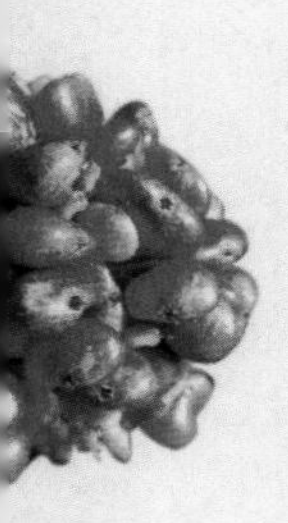

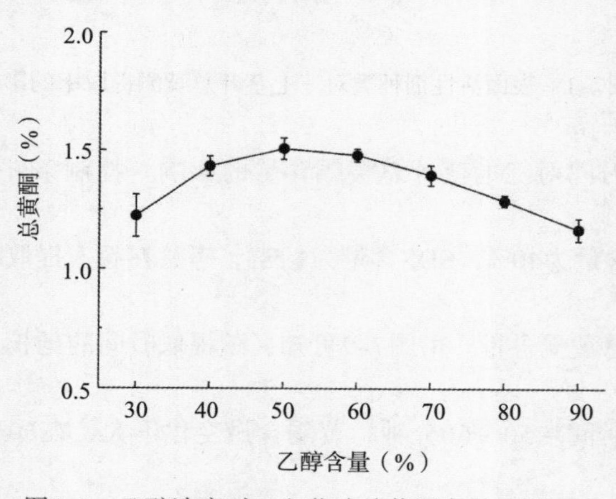

图7-3 乙醇浓度对三七茎叶总黄酮含量的影响

（4）SDS含量对三七茎叶总黄酮含量的影响 控制提取时间40分钟，液料比为15：1（V/W），乙醇含量为40%，SDS含量在0.5%～2%的范围内，三七茎叶黄酮提取量呈上升的趋势，SDS含量超过2%时，黄酮产量反而有所下降，故最佳SDS含量为2%（图7-4）。

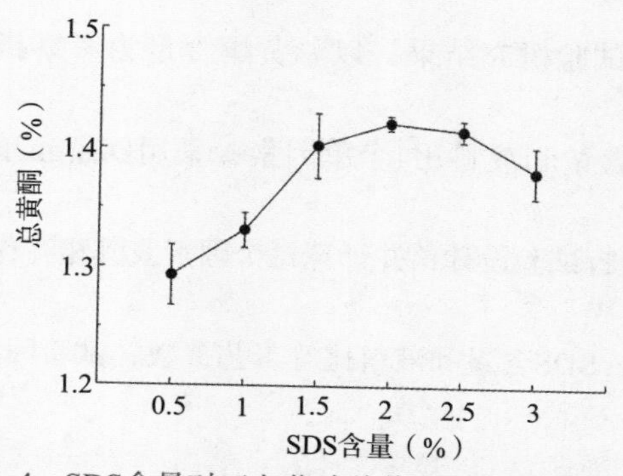

图7-4 SDS含量对三七茎叶总黄酮含量的影响

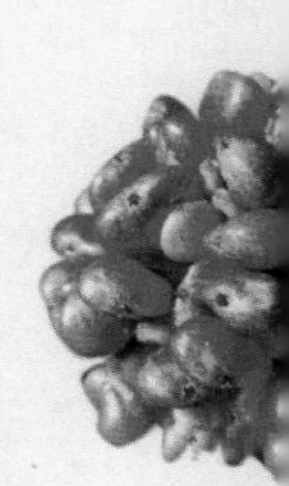

（5）料液比对三七茎叶总黄酮含量的影响 控制提取时间40分钟，乙醇含量为40%，SDS含量在1.5%，由图7-5可知，在液料比为20：1时总黄酮含量最高，之后呈下降趋势，因此在其他条件一定时，20：1的料液比为最佳提取条件。

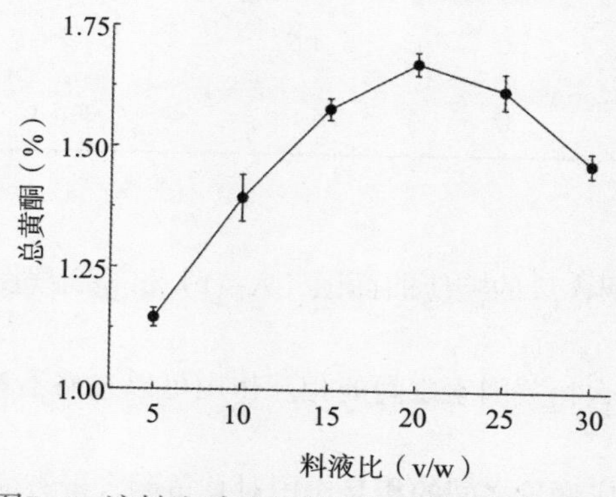

图7-5 液料比对三七茎叶总黄酮含量的影响

通过对提取条件进行优化，三七茎叶总黄酮最佳提取工艺为48.68%的乙醇，1.88% SDS在料液比为19.81：1的条件下提取52分钟。此条件下得到的总黄酮含量为2.13%。

2. 三七茎叶总黄酮最佳提取工艺选择

根据单因素试验研究结果，以总黄酮含量为考察指标，选取超声时间、乙醇含量、SDS含量和液料比4个单因素，采用Design Expert 8.0.5.0（Box-Behnken）程序进行试验设计，并计算每个因素及其相互作用的影响，优化超声时间、乙醇含量、SDS含量和液料比等工艺参数，试验因素与水平见表7-2。

表7-2　响应面试验因素水平

因素	代码	水平		
		-1	0	1
超声时间（分钟）	A	40	50	60
乙醇含量（%）	B	40	50	60
SDS含量（%）	C	1.5	2	2.5
液料比（v/w）	D	15：1	20：1	25：1

图7-6为总黄酮含量的响应曲面图（A-D）和等高线图（a-d）。如果等高线图是圆形的，那么相关因素之间的相互作用可以忽略不计。但若等高线图为椭圆形，则表明相应变量之间的相互作用对总黄酮含量有显著影响。

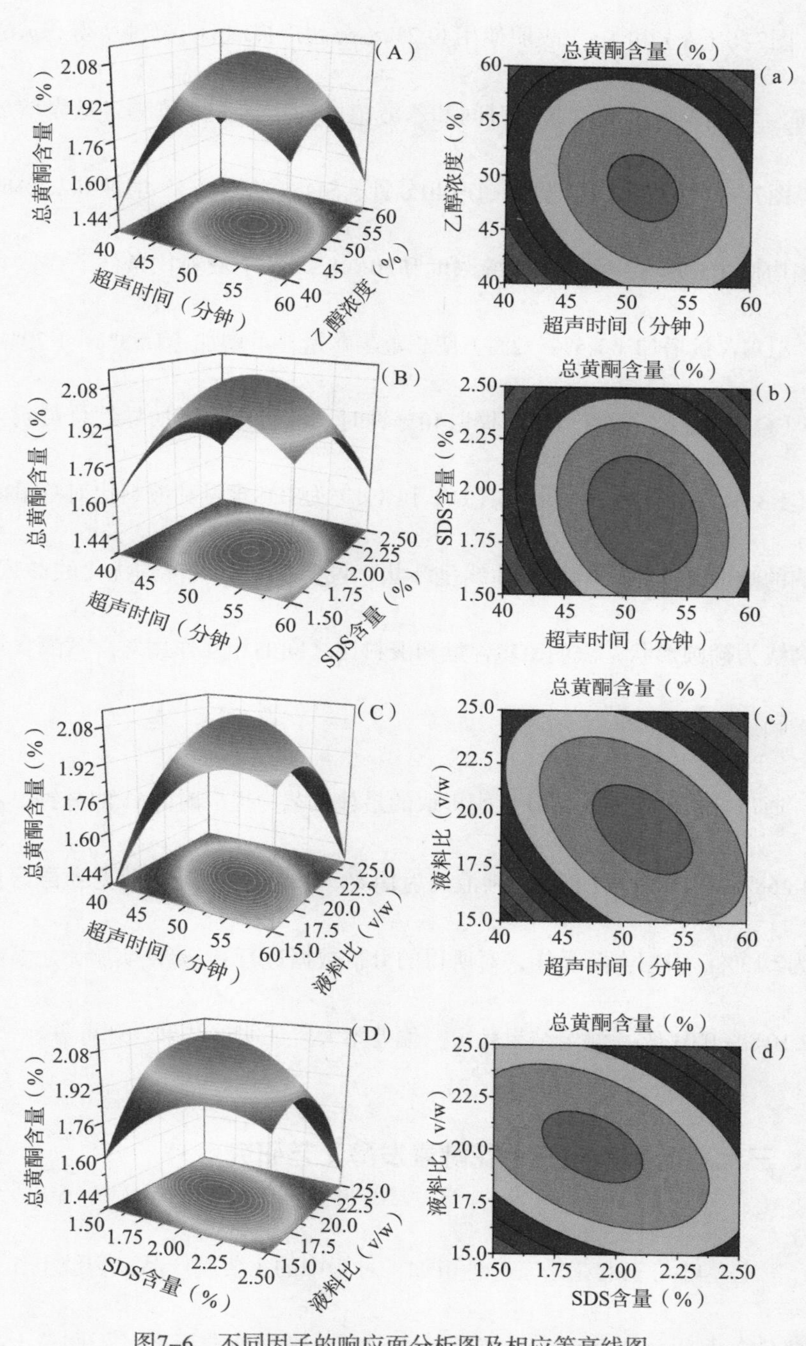

图7-6　不同因子的响应面分析图及相应等高线图

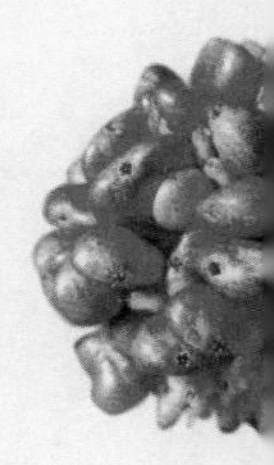

图7–6（A）和（a）表明使用49.2%乙醇超声提取51.1分钟所得总黄酮含量最高，为2.121%。随着超声时间和乙醇浓度的增加，总黄酮含量先增加后降低。图7–6（B）和（b）显示超声40分钟，SDS含量从1.5%增加到2.5%时，总黄酮均低于1.79%，在50%乙醇浓度和20：1（v/w）液料比条件下提取40分钟时，SDS含量增加（1.5%～2%）使总黄酮含量显著增加（1.58%～1.79%）。图7–6（C）和（c）表明，超声提取40分钟时，液料比的增加导致总黄酮含量增加（1.31%～1.847%）。图7–6（D）和（d）为SDS含量和液料比对总黄酮含量影响的响应曲面图，响应面曲线呈凸状，说明模型可以得到优化的参数条件。等高线为椭圆形状，表明SDS含量和液料比之间的相互作用对总黄酮含量有显著影响。

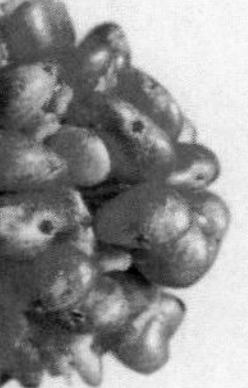

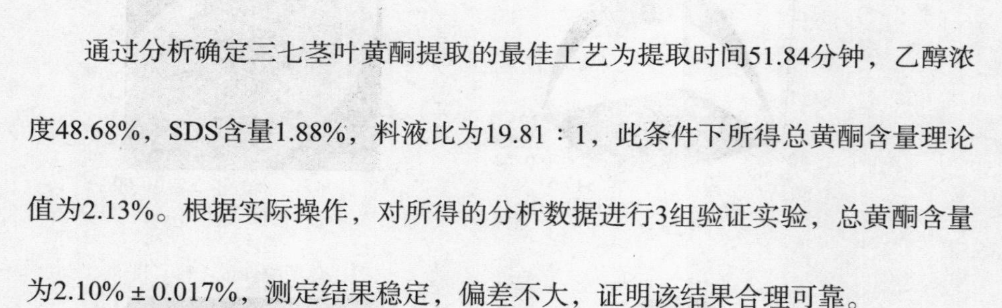

通过分析确定三七茎叶黄酮提取的最佳工艺为提取时间51.84分钟，乙醇浓度48.68%，SDS含量1.88%，料液比为19.81：1，此条件下所得总黄酮含量理论值为2.13%。根据实际操作，对所得的分析数据进行3组验证实验，总黄酮含量为2.10% ± 0.017%，测定结果稳定，偏差不大，证明该结果合理可靠。

三、三七茎叶酵素与三七花酵素发酵工艺研究

三七茎叶与三七花是三七种植加工过程中的主要副产品，传统上作为非药用部分，大部分被丢弃。目前，云南省食品安全地方标准《干制三七花》和

《干制三七茎叶》已正式颁布。因此，将三七茎叶、花作为食品原料进行研究开发，对三七的综合开发利用具有重要的经济和社会意义。三七花和三七酵素发酵工艺及发酵过程中的次生代谢产物变化和抗氧化机制尚不清楚。本节主要介绍崔秀明团队以三七茎叶、三七花为主要原料，通过单因素和响应面实验研究三七茎叶、花酵素的制备工艺。分析三七茎叶、三七花酵素的次生代谢产物的变化，探讨三七茎叶、三七花酵素的抗氧化活性及其作用机制，进一步阐明三七酵素产品的保健功能机制，为其综合开发提供一定的理论基础和技术依据。

1. 三七茎叶酵素、三七花酵素的制备工艺研究

以DPPH自由基清除率与SOD酶活力为主要评判指标，对酵素发酵工艺的影响因素进行研究。结果表明：在单因素实验中，酵母菌接种量、发酵时间、发酵温度是影响三七茎叶酵素和三七花酵素的DPPH自由基清除率与SOD酶活力的主要影响因素。随着酵母菌接种量的增加，三七茎叶酵素和三七花酵素的DPPH自由基的清除率呈先上升后下降的变化趋势。从DPPH自由基的清除率来看，三七茎叶酵素和三七花酵素的最佳接种量分别为0.15%和0.10%。三七茎叶酵素和三七花酵素的SOD活力分别在0.05%和0.5%时达到最高值。在发酵开始的8小时内，三七茎叶、花酵素的DPPH自由基清除率均随发酵时间的增加逐渐升高，在发酵8小时后达到最高值（茎叶、花酵素的最高DPPH自由基清除率分别为54.77%、42.35%），8小时之后，随着发酵时间的增加，两者的

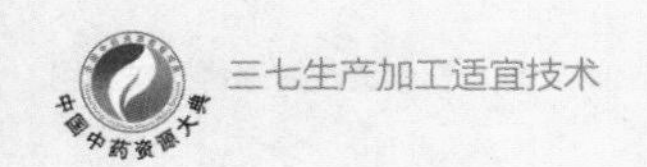

DPPH自由基清除率缓慢下降。三七茎叶酵素和三七花酵素的SOD活力均随着发酵时间的延长而逐渐升高，在发酵15小时时达到最高值。但随着发酵时间的延长，生产效率降低，生产成本间接增加。在28℃时，三七茎叶酵素与三七花酵素的DPPH自由基的清除率和SOD活力都达到最高值。即从三七茎叶酵素与三七花酵素的DPPH自由基的清除率来看，最佳发酵温度为28℃。经响应面分析，以三七茎叶酵素与三七花酵素的DPPH自由基清除率为指标，优化的三七茎叶酵素发酵工艺为：质体比为1：10，初始pH值为自然值，接种0.146%酵母菌，于27.22℃条件下，发酵7.22小时；三七花酵素发酵工艺为：质体比为1：10，初始pH值为自然值，接种0.112%酵母菌，于29.96℃条件下，发酵10小时。

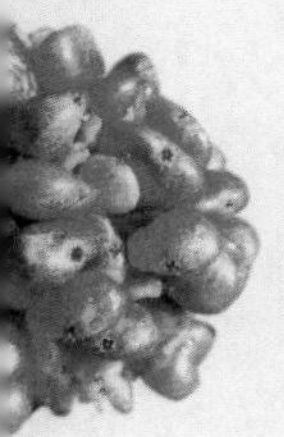

三七茎叶酵素、三七花酵素的次生代谢产物。三七茎叶与三七花经酵母菌发酵后的多酚含量和还原糖含量均有所增加，皂苷含量无变化。三七茎叶中多酚含量从13.609mg/g增加至14.194mg/g；还原糖含量从81.551mg/g增加至151.986mg/g。三七花中多酚含量从18.714mg/g增加至20.677mg/g；还原糖含量从67.195mg/g增加至107.414mg/g。

三七茎叶酵素、三七花酵素的生物活性。三七花中SOD活力从1806.167U/g增加至2263.159U/g，淀粉酶活力从每分钟0升至0.832mg葡萄糖/g，脂肪酶的活力从0升至53.842U/g；三七茎叶中SOD活力从295.476U/g增加至405.079U/g，淀粉酶活力从每分钟0升至0.717mg葡萄糖/g，脂肪酶活力从6.156U/g升至43.090U/g。

2. 三七茎叶发酵制备GABA

γ-氨基丁酸（GABA）主要存在于动物脑、脊髓和肝脏中，是中枢神经系中有效的抑制性神经传递物质。γ-氨基丁酸具有降血压、安神、镇痛、调节激素分泌和改善记忆等作用，在医药领域已有广泛的应用。GABA除存在于动物体外，还广泛地存在于高等植物中，目前已经成功地开发了富含GABA的茶叶、桑叶、糙米、马铃薯等食品。三七茎叶中亦含有0.45%左右的GABA。现以三七茎叶皂苷类成分为原料的产品有七叶神安片、七叶神安滴丸、三七健眠软胶囊等睡眠类产品。下面介绍以三七茎叶为原料，以面包酵母作为发酵菌种，以酵素液GABA含量为评价指标，利用响应面法确定最佳发酵工艺条件。

（1）单因素试验结果与范围选择　控制条件为酵母粉含量为1%，料液比为1∶20（W/V），蔗糖含量为10%，考察在发酵时间为0～12天时三七茎叶GABA含量。在发酵时间为6天时GABA含量最高，之后呈下降趋势，因此在其他条件一定时，6天为最佳发酵时间。控制条件为发酵时间7天，料液比为1∶20（W/V），蔗糖含量为10%，考察在酵母粉含量为0%～1.2%时三七茎叶GABA含量。在酵母粉含量为0.8%时GABA含量最高，之后呈下降趋势，因此在其他条件一定时，0.8%为最佳酵母粉含量。控制条件为发酵时间7天，酵母粉含量为1%，蔗糖含量为10%，考察料液比为1：10～1：70（W/V）时三七茎叶GABA含量。可见料液比对GABA含量影响不大。控制条件为发酵时间7天，料液比为1：20（W/V），酵母粉含量为1%，考察在蔗糖含量为0%～12%时三七茎叶GABA含量。在蔗糖含量为8%时GABA含量最高，之后呈下降趋势，因此在其他条件一定时，8%为最佳蔗糖含量（图7-7）。

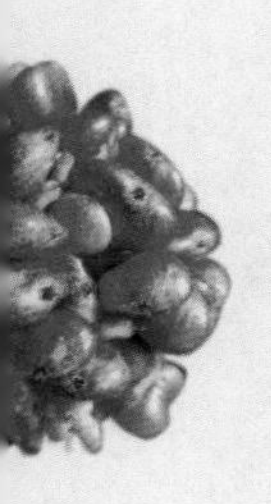

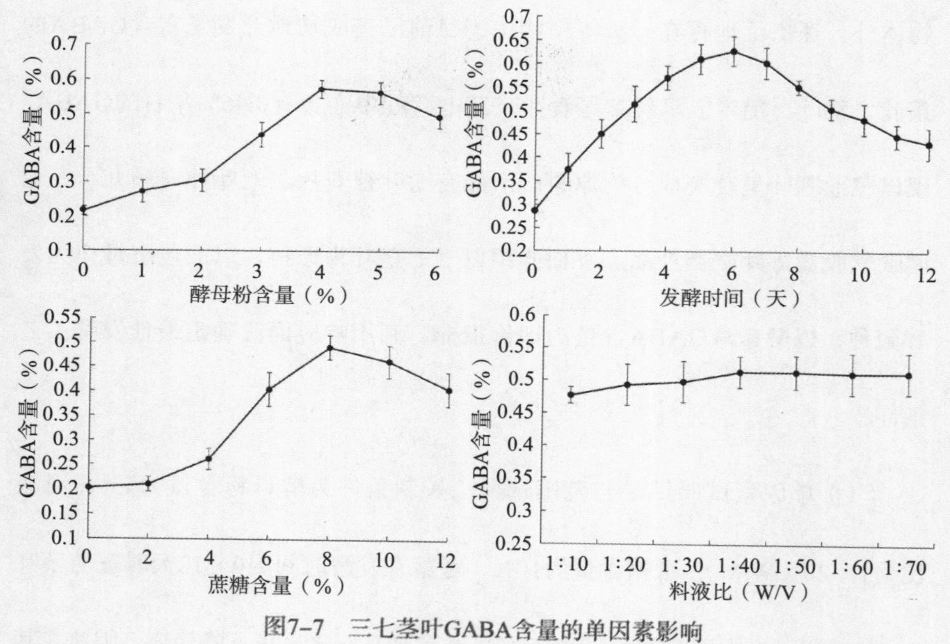

图7-7　三七茎叶GABA含量的单因素影响

（2）响应面法分析　由图7-8可较直观地看出各因素交互作用对三七茎叶GABA含量的影响。曲线越陡峭，表明该因素对总皂苷或多酚含量的影响越大，由等高线图中心为极大值，并可得知其条件。结果表明，蔗糖含

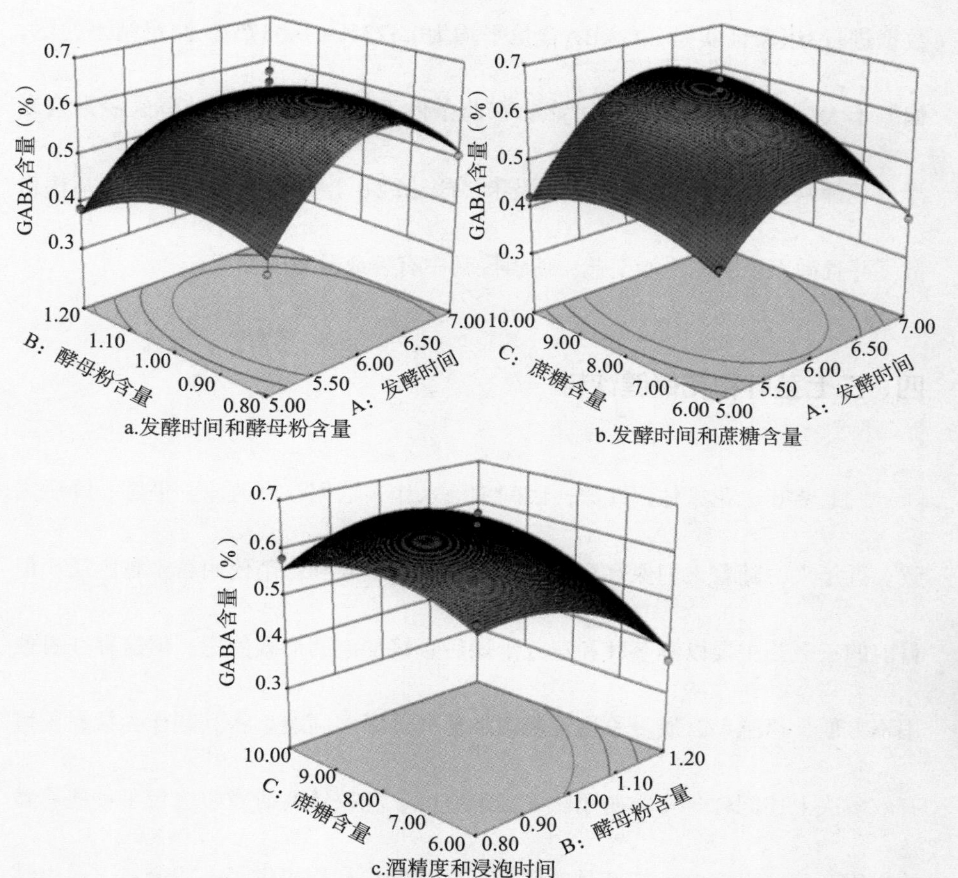

图7-8　两因素交互作用对三七茎叶GABA含量的响应面图和等高线图

量对GABA含量影响最大，酵母粉含量次之，响应值方差分析与此相吻合（P=0.0095＜0.01），均达到显著水平。

通过软件分析确定发酵的最佳工艺为发酵时间6.18天，酵母粉含量0.959%，蔗糖含量8.78%，最后确定的最佳工艺为发酵时间6天，酵母粉含量1%，蔗糖含量8.8%，此条件下GABA含量理论值为0.649%。根据所得的分析数据进行3组验证实验，GABA含量平均为0.623% ± 0.037%，测定结果稳定，偏差不大，证明该结果合理可靠。在此条件下制作的三七茎叶酵素浸膏有光泽，色泽均匀，香气清爽，无苦涩味，酸味纯正，并伴有发酵香味，结构松散。并且采用了冷冻干燥工艺，使得浸膏中有效成分得以保留。

四、三七茎叶和花保健饮料

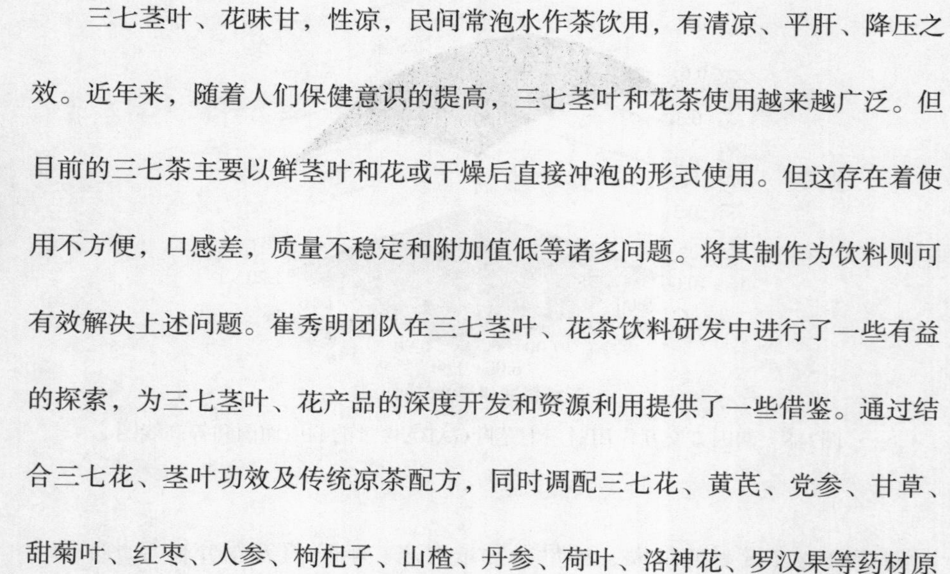

三七茎叶、花味甘，性凉，民间常泡水作茶饮用，有清凉、平肝、降压之效。近年来，随着人们保健意识的提高，三七茎叶和花茶使用越来越广泛。但目前的三七茶主要以鲜茎叶和花或干燥后直接冲泡的形式使用。但这存在着使用不方便，口感差，质量不稳定和附加值低等诸多问题。将其制作为饮料则可有效解决上述问题。崔秀明团队在三七茎叶、花茶饮料研发中进行了一些有益的探索，为三七茎叶、花产品的深度开发和资源利用提供了一些借鉴。通过结合三七花、茎叶功效及传统凉茶配方，同时调配三七花、黄芪、党参、甘草、甜菊叶、红枣、人参、枸杞子、山楂、丹参、荷叶、洛神花、罗汉果等药材原液比例。三七花、茎叶饮料均具有较好的抗氧化能力和DPPH自由基清除能力。

五、三七泡酒的制备工艺与美白效果研究

三七中的皂苷及多酚类物质是其主要药用成分，另外还含有多种氨基酸、

维生素和微量元素，这些物质在酒精和水中均具有较好的溶解性，因此饮用或涂搽三七泡酒也具有活血化瘀、软化扩充血管、预防高血压、高血脂及治疗软组织挫伤强身健体等功效。在民间，很早就有将三七泡酒的习惯。在现代，随着酿酒工艺的发展，已开发出三七白酒、三七红酒、参茸三七酒、三七枸杞酒等多个种类。因此，在保证三七泡酒风味和口感的同时努力提高三七泡酒中主要药用成分是提高其治疗、保健效果的有效途径。

当前，民间三七泡酒的主要方式为将洗净的鲜三七泡于高度烧酒中，数日甚至数月后开封饮用或使用。该方法存在如下三个问题，根据经验投料，鲜三七与基酒的物料比不明确，三七或基酒的投料不足或相对过剩，无法最大限度的浸提出有效药用成分或基酒利用率不高；传统认为酒精度数越高越好，这不仅造成泡酒过于辛辣而且易造成水溶性成分的相对亏缺，影响泡酒质量；传统方法对泡制时间认识不清，不知浸泡多久药效最佳，因此通常会浸泡相对较长时间后才开始饮用或使用以获得最大药效，因此饮用或使用时的时间会远超过最佳药效时间。因此，崔秀明课题组研究了物料比、基酒酒精度数和浸泡时间等因素对鲜三七泡酒工艺的影响。

1．不同液料比、酒精度数和酒制时间对三七药酒总皂苷和多酚含量影响单因素试验结果

控制条件为浸泡时间为30天，酒精度数为40%，液料比为（40：1）～（5：1）

时酒中的总皂苷和多酚含量表现为液料比为30：1时总皂苷和多酚含量最高，之后呈下降趋势，因此在其他条件一定时，30：1为最佳液料比，因此选择（40：1）～（20：1）用于BBD设计。控制条件为浸泡时间为30天，料液比为20：1，酒精度数为30%～60%时酒中的总皂苷和多酚含量在酒精度数为50%时总皂苷和多酚含量最高，之后呈平稳趋势，因此在其他条件一定时，50%为最佳酒精度数，故选择酒精度数为40%～50%进行BBD设计。控制条件为酒精度为40%，料液比为20：1，考察在浸泡时间为10～50天时酒中的总皂苷和多酚含量为40天时总皂苷和多酚含量最高，之后呈下降趋势，因此在其他条件一定时，40天为最佳浸泡时间，30～50天用于BBD设计（图7-9）。

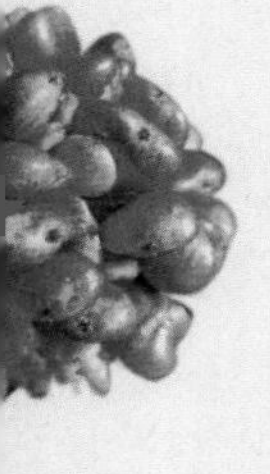

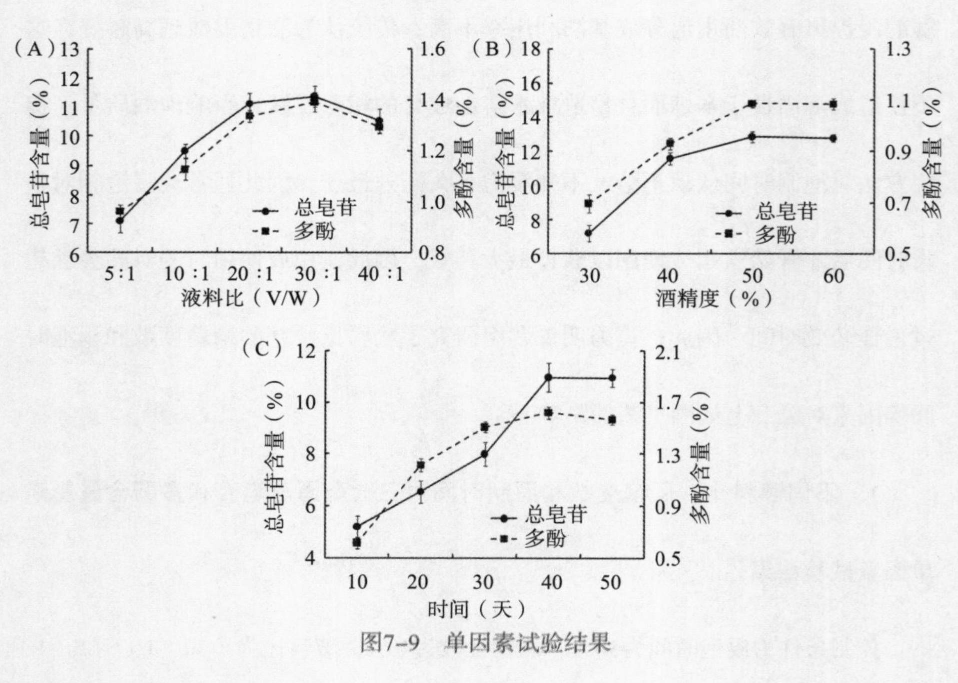

图7-9　单因素试验结果

2. 模型拟合与酒制最佳工艺选择

响应面图形是响应值对各试验因子A、B、C所构成的三维空间的曲面图，从响应面分析图上可清楚地看出最佳参数及各参数之间的相互作用。根据回归方程得出不同因子的响应面分析图及相应等高线图（图7–10）。可明显看到各因素交互作用对三七泡酒中总皂苷和多酚含量的影响，曲线越陡峭，表明该因素对总皂苷或多酚含量影响越大，由等高线图中心为极大值，并可得知其条件。从图7–10（Ⅰ–Ⅲ）可以看出浸泡时间对药酒的皂苷含量影响最大，响应值方差分析与此相吻合（P=0.0428<0.05）；从图7–10（Ⅳ–Ⅵ）中可以看出液料比对酒中多酚含量影响最大，浸泡时间次之，响应值方差分析也与之相吻合（P=0.0275，0.0373<0.05），均达到显著水平。

在响应面法分析中，中心组合设计方案常被用来筛选实验中的一些显著影响因子，利用多项回归分析方程对显著的影响因子进行优化后得到最佳的组合。通过软件分析确定三七泡酒的最佳工艺为液料比31.65：1，酒精度数52.65%，浸泡时间35.26天，此条件下由公式算出的总皂苷和多酚含量理论值为12.95%和2.60%。根据实际操作，最后确定的最佳工艺为液料比32：1，酒精度数53%，浸泡时间35天，根据所得的分析数据进行3组验证实验，总皂苷和多酚含量分别平均为12.61%±0.87%和2.43%±0.41%，测定结果稳定，偏差不大，证明该结果合理可靠。

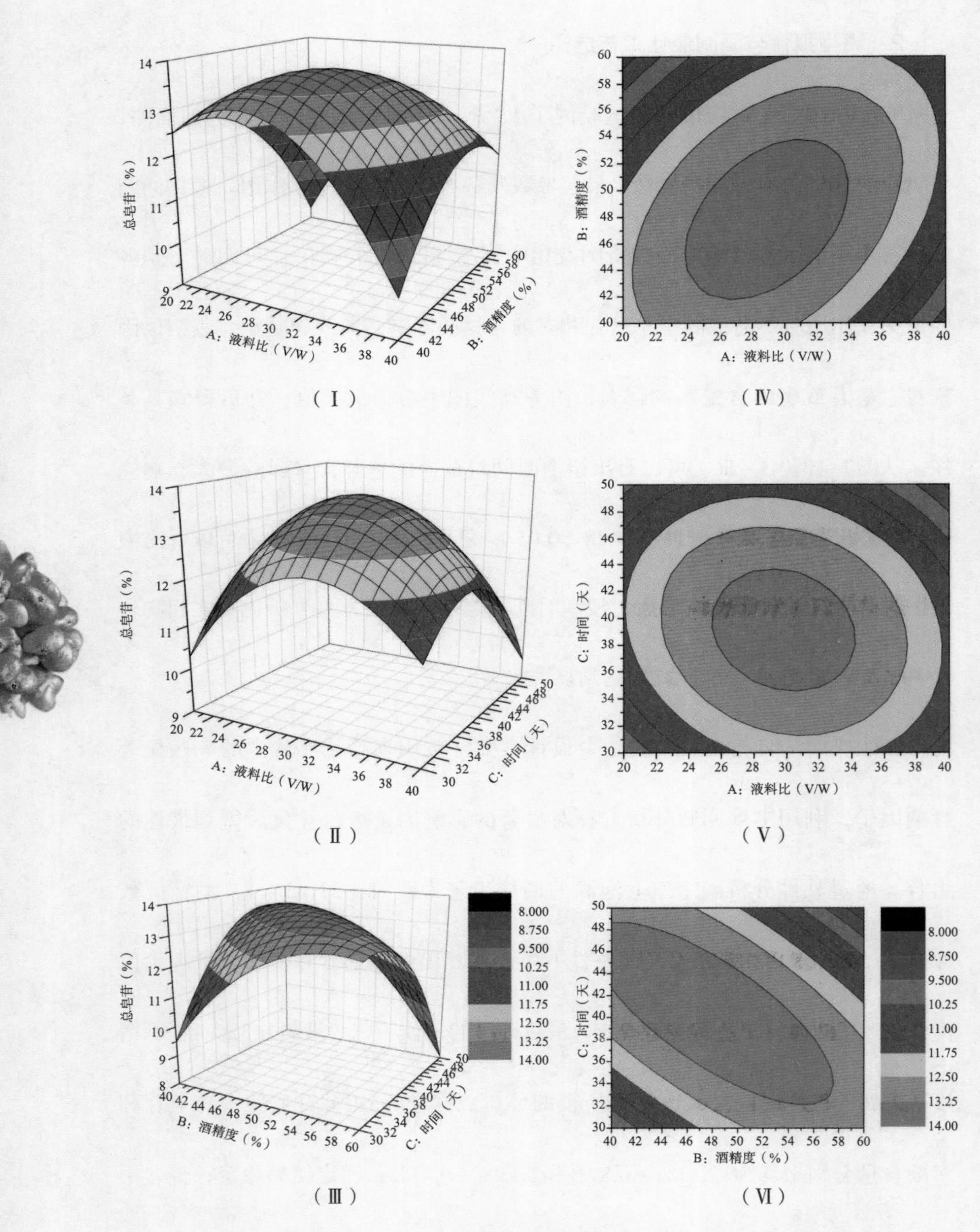

图7-10　不同因子的响应面分析图及相应等高线图（1）

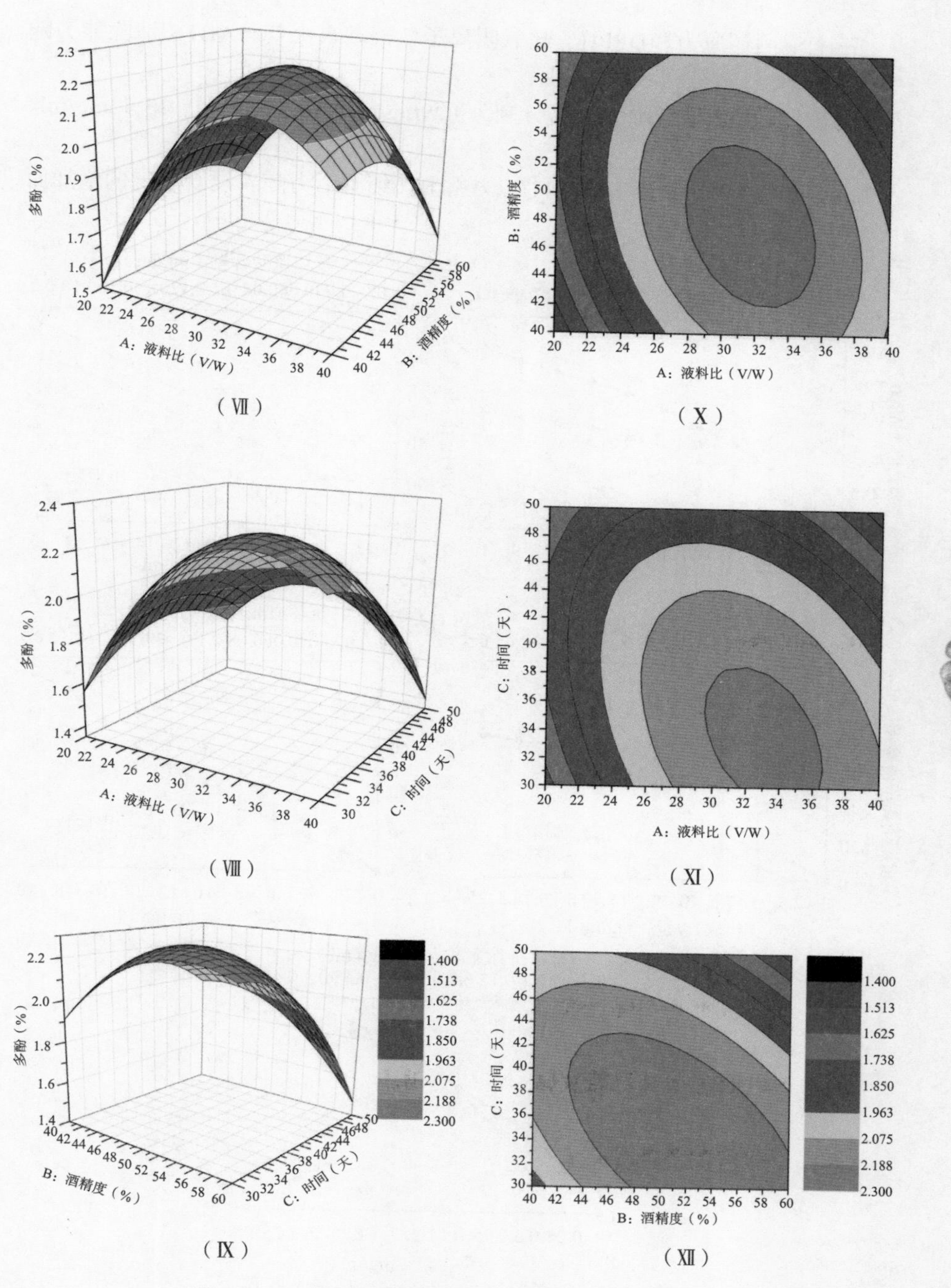

图7-10　不同因子的响应面分析图及相应等高线图（2）

三七泡酒还原力和DPPH、超氧阴离子、羟基自由基与$ABTS^{+}$清除能力随着浸膏浓度的增加而增加，EC_{50}分别为0.29mg/ml、10.60mg/ml、13.72mg/ml、11.72mg/ml和0.95mg/ml（图7-11）；小鼠B16细胞活力随着浸膏浓度的增加而

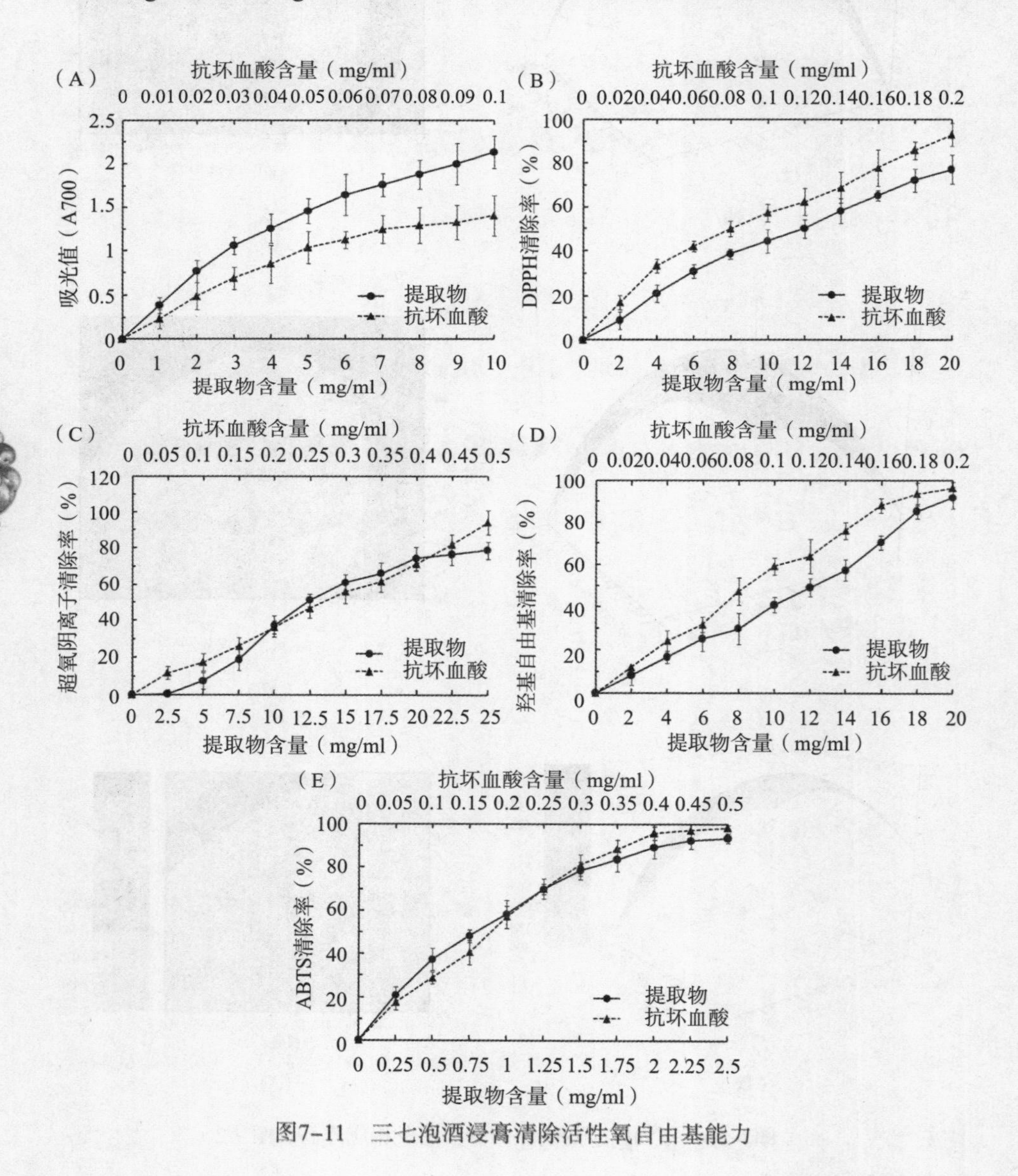

图7-11 三七泡酒浸膏清除活性氧自由基能力

减小，酪氨酸酶活力和黑色素合成抑制率均随浸膏浓度的增加而增大，EC_{50}值分别为0.27mg/ml和0.31mg/ml（图7-12）。由此可见，最佳酒制工艺下在缩短酒制时间和基酒用量情况下，三七泡酒中三七总皂苷和总多酚含量显著提高，同时三七泡酒可以在抗氧化和抗黑色素沉积等方面发挥功能食品的功用。

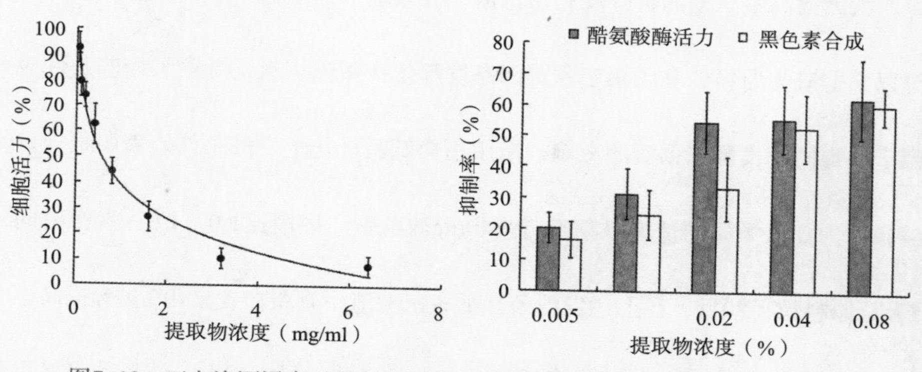

图7-12　三七泡酒浸膏对黑色素细胞活力及酪氨酸酶活力和黑色素合成影响

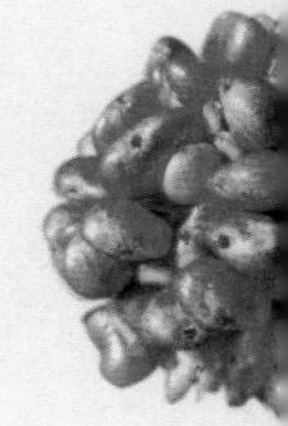

六、三七药渣的综合利用

中药渣主要来源于各类中药生产的过程，其中在中成药的生产过程中所残留的药渣最多，约占中药渣总量的70%。中药的有效成分含量往往较低，中药材经过提取、煎煮后将会产生大量药渣，而药渣中通常还存在一定量的活性成分。潘化儒对三七、当归、露水草、薯芋渣、豆腐果等几种中药药渣的化学成分进行了分析。其中三七经提取后皂苷残留量为0.84%～1.27%，此外还含有多种氨基酸、无机元素、粗蛋白及粗纤维。

三七主要是用于提取总皂苷，用于制药工业。因此也产生了大量提取后的药渣。据报道，仅云南省两家进行三七皂苷分离的药厂平均每年产生的三七药渣高达15吨。韦云川等对三七总皂苷提取后的药渣进行重新提取、分离和纯化后并经鉴定，得到了三七中另一种有效成分——三七多糖，且含量均在50%以上，大大提高了三七的再开发利用价值，有效地节约了这一生物资源。刘风梅等以三七渣为原料，利用康宁木霉固态发酵生产蛋白饲料，考察了培养条件对康宁木霉固态发酵三七渣的影响。采用正交试验优化了发酵条件，表明最佳发酵条件为：氮源添加量为每克干药渣40mg硫酸铵、固液比1.0：1.5、发酵时间5天、原料粒径80目，在上述发酵条件下，三七渣中真蛋白含量由9.97%提高至19.40%，粗纤维含量从27.45%降低至11.91%。由此可见，三七药渣虽然经过提取，但还留存多种化学成分，极具开发利用价值。

三七药渣资源丰富，对三七药渣进行处理，具有非常广阔的应用前途。既可以防止药渣随意抛弃污染环境，又可废物利用节约资源。现有三七药渣有用作栽培料培养真菌，有用作禽畜饲料添加剂。但这些利用的研究还不够广泛和深入。对三七药渣的研究开发将是一项庞大而复杂的工程，同样也是一项极富挑战性和发展前途的事业。

参考文献

[1] BERJAK P，FARRANT J M，PAMMENTER N．The basis of recalcitrant seed behaviour．In：Taylorson R B（ed）．Recent advances in the development and germination of seeds．New York：Plenum Press，1990，P89．

[2] TOYOMASU T，TSUJI H，YAMANE H，et al．Light effects on endogenous levels of gibberellins in *photoblastic lettuce* seeds．J．Plant Growth Regul．，1993，12（2）：85．

[3] PATANE C，GRESTA F．Germination of *Astragalus hamosus* and *Medicago orbicularis* as affected by seed-coat dormancy breaking techniques．J．Arid．Environ．，2006，67（1）：165．

[4] 何振兴，邓锡青．三七开花结果习性的研究［J］．广西植物，1985（1）：67-72．

[5] 李月明，郝楠，孙丽惠，等．种子活力测定方法研究进展［J］．辽宁农业科学，2013，（1）：38-40．

[6] 葛进，魏琼，曲媛，等．三七种子质量分级研究［J］．中药材，2017，40（7）：1516-1520．

[7] 陈中坚，孙玉琴，王勇，等．三七种子包衣育苗技术研究［J］．中药材，2002，25（12）：851-853．

[8] 崔秀明，王朝梁，李伟，等．三七种子生物学特性研究［J］．中药材，1993（12）：3-4．

[9] 崔秀明，杨野，董丽．三七栽培学［M］．北京：科学出版社，2017．

[10] 崔秀明，王朝梁，贺承福，等．三七荫棚透光度初步研究［J］．中药材，1993（3）：3-6．

[11] 崔秀明，李忠义，王朝梁．三七专用塑料遮阳网的栽培技术［J］．中国中药杂志，1999，24（2）：80-82．

[12] 方艳，金航，崔秀明，等．文山三七地膜覆盖栽培关键技术［J］．云南农业科技，2010（4）：43-45．

[13] 孟祥霄，黄林芳，董林林，等．三七全球产地生态适宜性及品质生态学研究［J］．药学学报，2016（9）：1483-1493．

[14] 魏建和，陈士林，孙成忠，等．三七产地适宜性数值分类与区划研究［J］．世界科学技术，2006，8（3）：118-121．

[15] 陈中坚，邓国军．优质三七栽培技术［J］．农业科技通讯，2000（9）：10-11．

[16] 王朝梁，陈昱君，冯光泉，等．三七农药使用准则（草案）［J］．现代中药研究与实践，2003，17（S1）：30-32．

[17] 李忠义，罗文富，喻盛甫．栽培措施对三七根腐病的影响［J］．中药材，2000，23（12）：731-732．

[18] 王志敏，皮自聪，罗万东，等．三七圆斑病和黑斑病及其防治［J］．农业与技术，2016，36（1）：49–51．

[19] 杨秀兰．温室土壤消毒新装备——土壤连作障碍电处理机［J］．农业工程技术：温室园艺，2010（6）：44–45．

[20] 张媛，张子龙，王文全．Process method for continuous cropping soil of Panax Notoginseng：CN 101803494A［P］．2010．

[21] 肖慧，曾燕，李进瞳，等．三七连作障碍缓解方法初探［J］．现代中药研究与实践，2010，（3）：5–7．

[22] 王淑琴，于洪军，官廷荆，等．中国三七［M］．昆明：云南民族出版社．

[23] 孙千惠，刘海娇，杨小玉，等．三七本草考证［J］．中医药信息，2017，34（5）：113–117．

[24] 清赵翼．檐曝杂记［M］．北京：中华书局，1982．

[25] 陈中坚，曾江，王勇，等．三七种植业现状调查［J］．中药材，2002，25（6）：387–389．

[26] 马小军，汪小全．人参不同栽培群体遗传关系的RAPD分析［J］．植物学报（英文版），2000，42（6）：587–590．

[27] 赵寿经，李方元，赵亚会，等．丰产人参品种选育理论及吉参1号的育成［J］．中国农业科学，1998，31（5）：56–62．

[28] 陈中坚，王勇，曾江，等．三七植株的性状差异及其对三七产量和质量影响的调查研究［J］．中草药，2001（4）：357–359．

[29] 陈中坚，崔秀明，孙玉琴，等．三七主要农艺性状的相关和通径分析［J］．中国中药杂志，2004，29（1）：37–39．

[30] 萧凤回，段承俐，崔秀明，等．三七栽培群体遗传改良研究及策略［J］．现代中药研究与实践，2003（增刊）：10–13．

[31] 孙玉琴，陈中坚，王朝梁，等．三七开花习性观察［J］．中药材，2003（4）：235–236．

[32] ZHOU SL，XIONG GM，LI ZY，et al. Loss of genetic diversity of domesticated Panax notoginseng F. H. Chen as evidenced by ITS sequence and AFLP polymorphism：Acomparative study with P. stipuleanatus H. T. Tsai et K M Feng［J］. Journal ofIntegrate Plant Biology，2005（1）：107–115.

[33] 张金渝，杨维泽，崔秀明，等．EST—SSR标记对三七选育品系的研究［J］．中国中药杂志，2011（2）：97–101．

[34] 肖慧，崔秀明．三七种内同工酶遗传多样性分析［J］．现代中药研究与实践，2010（6）：16–18．

[35] Liu H，Xia T，Zuo YJ，et a1. Development and characterization of microsatellite markers for Panax notoginseng（Araliaeeae），a Chinese Traditional Herb［J］. American Journal of Botany，2011（8）：e218–e220.

[36] 董林林，陈中坚，王勇等．药用植物DNA标记辅助育种（一）：三七抗病品种选育研究［J］．中国中药杂志，2017（42）：56-62．

[37] 陈伟荣，简王瑜．三七试管苗繁殖技术的研究［J］．华南农业大学学报，1992（3）：69-75．

[38] 陈中坚，杨莉，王勇，等．三七栽培研究进展［J］．文山学院学报，2012（25）：1-12．

[39] 黄勇，张铁，张文生，等．三七组织培养研究综述［J］．文山学院学报，2012（25）：13-15．

[40] 段承俐，张智慧，文国松，等．三七花药培养的研究（I）愈伤组织的诱导［J］．云南农业大学学报，2004，19（5）：510-513．

[41] 郑光植，梁峥．三七的组织培养［J］．植物生态学报（英文版），1978，20（4）：373-375．

[42] 侯嵩生，陈士云，卢大炎，等．三七细胞在气升式反应器中的扩大培养研究［J］．植物科学学报，1991，9（4）：387-390．

[43] 周立刚，郑光植，王世林，等．寡糖素对西洋参和人参愈伤组织培养的影响［J］．天然产物研究与开发，1992，4（1）：16-19．

[44] 陈伟荣，简王瑜．三七试管苗繁殖技术的研究［J］．华南农业大学学报，1992（3）：69-75．

[45] 许鸿源，蒙爱东，何冰，等．三七叶器官获得胚状体和再生植株的研究［J］．中国中药杂志，2007，32（6）：481．

[46] WANG T，GUO RX，ZHOU GH，et al．Traditional uses，botany，phytochemistry，pharmacology and toxicology of Panax notoginseng（Burk.）F. H. Chen：A review［J］．J Ethnopharmacol，2016，188：234-258．

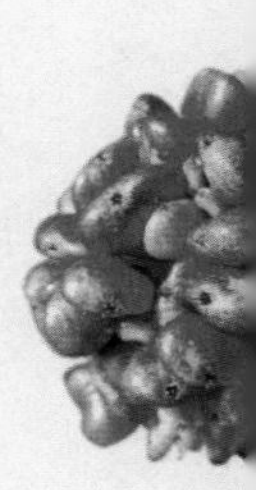

[47] 赵文萃，张宁，周慧琴，等．三七总黄酮对高血脂大鼠血脂的影响［J］．中国实验方剂学杂志，2016（8）：143-147．

[48] 郑莹，李绪文，桂明玉，等．三七茎叶黄酮类成分的研究［J］．中国药学杂志，2006，41（3）：176-178．

[49] 周家明，崔秀明，曾江，等．三七种子脂溶性化学成分的研究［J］．现代中药研究与实践，2008，22（4）：8-10．

[50] 吕晴，秦军，章平，等．同时蒸馏萃取三七花挥发油成分的气相色谱-质谱分析［J］．药物分析杂志，2005，25（3）：284-287．

[51] 陈东，邓国宾，杨黎华，等．三七叶挥发油的化学成分分析［J］．天然产物研究与开发，2007，19（B05）：37-40．

[52] OHTANI K，MIZUTANI K，HATONO S，et al．Sanchinan A，a reticuloendothelial system activatingarabinogalactan from sanchi-ginseng（roots of Panax notoginseng）［J］．Planta Medica，1987，53（2）：166-169．

[53] GAO H，WANG F Z，LIEN E J，et al．Immunostimulating polysaccharides from Panaxnotoginseng［J］．Pharmaceutical Research，1996，13（8）：1196-1200．

[54] 宫德瀛，黄建，王红，等. 三七花多糖的分离纯化及结构初步研究 [J]. 天然产物研究与开发，2013，25（12）：1676-1679.

[55] 谢国祥，邱明丰，赵爱华，等. 三七中三七素的分离纯化与结构分析 [J]. 天然产物研究与开发，2007，19（6）：1059-1061.

[56] 杨晶晶，刘英，崔秀明，等. 高效液相色谱法测定三七地上部分γ-氨基丁酸的含量 [J]. 中国中药杂志，2014，39（4）：606-609.

[57] 杨晶晶，曲媛，杨晓艳，等. 三七茎叶中γ-氨基丁酸提取工艺研究 [J]. 云南大学学报（自然科学版），2014，36（6）：907-911.

[58] LEVENTHAL A G，WANG Y，PU M，et al. GABA and its agonists improved visual cortical function in senescent monkeys [J]. Science，2003，300：812-815.

[59] 顾国嵘，黄培志，葛均波，等. 缺血及三七总皂苷预处理对心肌缺血-再灌流损伤的保护作用 [J]. 中华急诊医学杂志，2005，14（4）：307-309.

[60] 陈朝凤，陈洁文，李小英. 三七皂甙抗心律失常的实验研究 [J]. 广州中医学院学报，1994（2）：88-91.

[61] 李学军，张宝恒. 三七中人参三醇甙抗心律失常作用的研究 [J]. 药学学报，1988（3）：168-173.

[62] 王珍，杨靖亚，宋书杰，等. 三七素对凝血功能的影响及止血机制 [J]. 中国新药杂志，2014（3）：356-359.

[63] 何宜航，桑文涛，杨桂燕，等. 基于“生消熟补”理论的三七补血作用及其机理研究 [J]. 世界中医药，2015（5）：647-651.

[64] 王一菱，陈迪，吴景兰. 三七总皂苷抗炎和镇痛作用及其机理探讨 [J]. 中国中西医结合杂志，1994（1）：35-36，5-6.

[65] 杨帆，刘红，万炜. 三七总皂苷对大鼠扭体模型的镇痛作用 [J]. 中医临床研究，2014（9）：70-71.

[66] 马丽焱，肖培根. 三七总皂苷对突触体谷氨酸释放及谷氨酸受体特异性结合的影响 [J]. 中国药理学通报，1998（4）：27-30.

[67] 郭长杰，伍杰雄，李若馨. PNS对痴呆模型大鼠大脑皮质神经递质含量的影响 [J]. 中国临床医学杂志，2004，13（3）：150-152.

[68] 汪忠波，郑清平. 三七总皂苷对小鼠学习记忆及脑内乙酰胆碱酯酶的影响 [J]. 湖北职业技术学院学报，2009（4）：100-103.

[69] 周进学，叶启发，明英姿，等. 三七总皂苷对移植肝缺血再灌注后核因子-κB、ICAM-1表达的影响 [J]. 中国现代医学杂志，2005（9）：1330-1332，1342.

[70] 姜辉，夏伦祝，李颖，等. 三七总皂苷对肝纤维化大鼠基质金属蛋白酶-13及其抑制因子-1表达的影响 [J]. 中国中药杂志，2013（8）：1206-1210.

[71] 黄清松，李红枝，张咏莉，等. 三七皂苷Rg_1抗突变和抗肿瘤研究［J］. 临床和实验医学杂志，2006（8）：1124–1125.

[72] 吴晓莉，刘娜，马夫天，等. 三七皂苷R_1通过线粒体相关通路促进白血病细胞株HL–60凋亡［J］. 中国肿瘤生物治疗杂志，2016（1）：24–29.

[73] 林景超，张永煜，崔健，等. 我国三七产业的发展现状及前景［J］. 药业纵横，2005，14（2）：18.

[74] 周家明，崔秀明，曾鸿超，等. 三七茎叶的综合开发利用［J］. 现代中药研究与实践，2009，23（3）：32–34.

[75] 高明菊，崔秀明，曾江，等. 三七花的研究进展［J］. 人参研究，2009，2：5–7.

[76] 雷伟亚，史栓桃，余思畅，等. 三七叶总皂苷的毒性研究［J］. 云南医药，1984，5（4）：241–244.

[77] 杨明晶，俞萍，陆罗定，等. 三七花苷毒理安全性研究［J］. 江苏预防医学，2010，21（6）：12–13.

[78] 宫坤，詹小龙，郭中婷，等. 表面活性剂辅助提取石榴叶中总黄酮工艺的研究［J］. 食品工业科技，2014，35（23）：261–264，322.

[79] 吴纯洁，王一涛，雷佩琳. 中药药渣的综合利用与处理［J］. 中国中药杂志，1998，23（1）：59–60.

[80] 潘化儒. 云南省医药行业中药渣作为配合饲料资源的调查报告［J］. 中国民族民间医药杂志，1995，15（4）：41–44.

[81] 韦云川，王红，龙江兰，等. 有效利用三七总皂苷提取后的药渣提取三七多糖［J］. 文山师范高等专科学校学报，2006，19（4）：95–96.

[82] 刘凤梅，谭显东，羊依金，等. 三七渣固态发酵生产蛋白饲料［J］. 中国酿造，2011（2）：67–70.

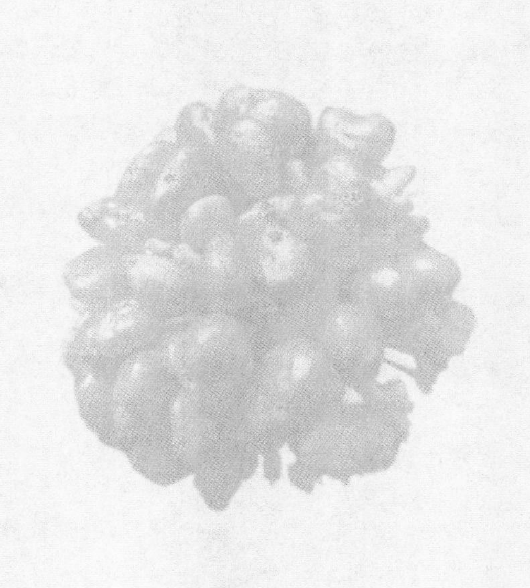